LÚCIA TEIXEIRA

CAMINHO PARA VER ESTRELAS

1ª edição
2ª reimpressão

© 2019 texto Lúcia Teixeira
ilustração *Delone*

© Direitos de publicação
CORTEZ EDITORA
Rua Monte Alegre, 1074 – Perdizes
05014-001 – São Paulo – SP
Tel.: (11) 3864-0111 Fax: (11) 3864-4290
cortez@cortezeditora.com.br
www.cortezeditora.com.br

Direção
José Xavier Cortez

Editor
Amir Piedade

Revisão
Alexandre Ricardo da Cunha
Katya Lais Patella Couto
Luís Roberto Braz
Rodrigo da Silva Lima

Edição de Arte
Mauricio Rindeika Seolin

Capa, ilustrações e projeto gráfico
De Lone Art Work

Diagramação
Digo Maransaldi

Obra em conformidade ao
Novo Acordo Ortográfico da Língua Portuguesa

Dados Internacionais de Catalogação na Publicação (CIP)
(Câmara Brasileira do Livro, SP, Brasil)

Teixeira, Lúcia
    Caminho para ver estrelas / Lúcia Teixeira; ilustrações Delone. – 1. ed. – São Paulo: Cortez; Santos, SP: UNISANTA, 2019.

    ISBN 978-85-249-2715-7

    1. Autoajuda – Ficção 2. Ficção brasileira 3. Ficção científica 4. Ficção – Literatura juvenil I. Delone. II. Título.

19-24024   CDD-028.5

Índices para catálogo sistemático:
1. Ficção: Literatura juvenil   028.5

Impresso no Brasil – fevereiro de 2023

Maria Paula C. Riyuzo – Bibliotecária – CRB-8/7639

Agradecimentos pela leitura atenta — Alfredo Cordella, Anna Júlia Mastellari Brandi, Aureo Emanuel Pasqualetto Figueiredo, Eryka Rosa, Fabio Giordano, Gabriel Abila, Jadir Albino, João Carlos T. Barros, Leila Degli Esposti Pereira, Lucas Teixeira Furlani, Maria Cristina Chinen, Maria Eduarda Salvador, Maria Laura Patella Couto, Marcela Oliveira, Rosemeire Gonçalves, Sandra Valeriano, Sarah Ermenegildo e outros.

*A meu filho Lucas, que emprestou seu nome
a um dos personagens; a meus pais, Milton e Nilza;
à minha família, aos que
vieram antes e aos que virão depois;
e a todos, das mais variadas idades
e de diversos universos, que ensinam a amar,
a ser solidário e a mudar o que se chama realidade.*

*Aos que não podem viver a adolescência,
devido a condições desiguais de vida,
e passam da infância para a idade adulta
ou têm sua existência terminada antes disso.*

E a você, leitor, criador de mundos.

sumário

6

apresentação

9

playlist

10

I a saga de ana

18

II outro caminho, outra história

30

III dimensão paralela

38

IV não sou mais ridiculamente adolescente

52 	**64** 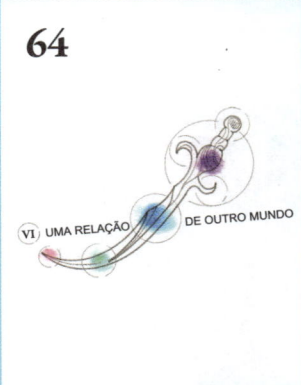	**76** 
84 	**94** 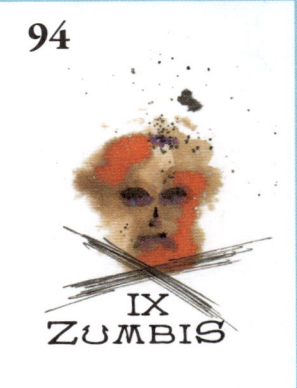	**104** 
112 	**116** 	**122** 

[Apresentação

A Literatura não é outra coisa senão uma mentira que diz a verdade.
Jorge Luis Borges

Este livro é uma obra de ficção, com alguns fatos reais.
Uma "invenção da verdade".
Tem um pouco a ver com a crença da autora de que tempo e espaço são modos pelos quais pensamos e não condições nas quais vivemos. Einstein já disse isso antes. Escrevi não para dizer o que sei, mas para descobrir coisas. Entre outras, encontrar, junto a você, leitor, os portais do espaço-tempo, as fendas e dobras que abrem possibilidades de múltiplos futuros.

Assim como é preciso conhecer o passado para que ele não seja esquecido nem manipulado, muitas vezes o futuro é necessário para se ter vontade de conhecer, modificar e viver o presente.

Os personagens fictícios do livro são adolescentes, muitas vezes escondidos na angústia de decifrar a si mesmos e o mundo. Possuem características atuais de muitos jovens, que dividiram comigo seu tempo, seus sonhos, amores, preocupações com o planeta, desejos de serem amados e conseguirem seu lugar no mundo.

Transitam, no livro, por acontecimentos reais do passado e do presente, mostrando visões apocalípticas de um futuro próximo e a urgência de *caminhos para ver estrelas*.

É necessária certa escuridão para enxergar estrelas no céu ou nos universos ocultos da alma de cada um.

Os fatos iniciais do livro acontecem em uma cidade praiana do Brasil, mas poderiam ocorrer em qualquer outro lugar do mundo. Todos os jovens do local acordam infectados com uma epidemia. Fatos estranhos, então, começam a acontecer.

Os personagens Ana e Lucas vivem nesse dia em universos paralelos[1] que dão origem a histórias diferentes no espaço-tempo, em mundos medonhos e sombrios, repletos de seres fantásticos e malignos.

Onde a ilusão termina e a realidade começa? A realidade pode ter múltiplas dimensões.

---

1. Outras dimensões existentes em nosso mundo, além das três de espaço e uma de tempo que conhecemos. Espaços que pairam no Universo, dimensões enroladas e, portanto, invisíveis, conforme a Teoria das Supercordas, que alia a Teoria de Einstein à Mecânica Quântica. A realidade humana se desenrola apenas nas três dimensões, pois elas filtram a radiação da luz necessária para nossa visão e compreensão do universo que nos é familiar.

Ao tomar uma decisão, você pode afetar mais do que sua própria vida e criar um universo alternativo.
Nossas simples ações influenciam muito mais do que o mundinho ao nosso redor.
Cada criança, cada jovem, é uma nova luz, uma nova estrela, que ilumina a escuridão e traz esperança.
Com a imaginação criadora, cada um de nós pode abrir canais de comunicação, no pensamento e na ação. Lembrar, a quem possa estar pensando em desistir, que não está sozinho, que é bom viver, é bom sonhar e todos os dias são únicos para aprender e recomeçar.[2]

---

[2]. Você poderá iniciar a leitura ouvindo as músicas *Time*, de Hans Zimmer e *High Hopes*, de Panic! At The Disco. Os personagens expressam seus sentimentos, em cada capítulo, também através das canções da *playlist Caminho para ver estrelas*, às quais você poderá acrescentar outras.

[**Playlist** Caminho para ver estrelas

Apresentação – *Time* – Hans Zimmer
                 – *High Hopes* – Panic! At The Disco
I   – *Lost stars* – Maroon 5
II   – *Perfect* – Ed Sheeran
        – *Ocean* (Alok & Scorsi Remix) – Alok, Zeeba & Iro
III   – *Hoje o céu abriu* – NX Zero
        – *Keep talking* – Pink Floyd
IV   – *Fitter happier* – Radiohead
        – *Senhor do tempo* – Charlie Brown Jr.
        – *Go back* – Titãs
        – *Só os loucos sabem* – Charlie Brown Jr.
V   – *Meu bem querer*, de Djavan – Seu Jorge, Black Alien,
          BiD e Fernando Nunes
VI   – *Vokul Fen Mah* – Malukah
VII   – *Velha infância* – Tribalistas
VIII   – *In my blood* – Shawn Mendes
        – *Tempos Modernos* (extended mix) – Make U Sweat &
          Lulu Santos
IX   – *Castle in the snow* – The Avener & Kadebostany
        – *Sign of the times* – Harry Styles
X   – *Yellow* – Coldplay
XI   – *O que eu também não entendo* – Jota Quest
XII   – *Talking to the moon* – Bruno Mars
        – *You are not alone* – Michael Jackson
XIII   – *Hallelujah* – Pentatonix
        – *A geração da luz* – Raul Seixas
        – *Pra ser feliz* – Aliados, participação Di Ferrero
        – *Don't stop me now* – Queens

Você pode acessar a *playlist* do livro *Caminho para ver estrelas* no Spotify. Consulte o *QR Code* acima pela câmera do celular ou baixe um aplicativo leitor de *QR Code* na AppStore (Apple) e PlayStore (Android). Usuários da PlayStore podem também utilizar o App QR Unisanta.

[E como foi parar nos quintos dos infernos

Diga o motivo.
De a juventude ser desperdiçada nos jovens.
É temporada de caça
e os cordeiros estão correndo.
Procurando por um significado.
Mas será que somos todos estrelas perdidas?
Tentando iluminar a escuridão?[3]

Para mim, Ana, tudo começou na manhã daquele belo dia. Belo?! Eu estava me sentindo estranha. A obrigação de acreditar que tudo tinha que ser diferente me deixava ansiosa.

Tinha que me apressar. Não podia perder um minuto da minha vida.

Pus o biquíni apressadamente e coloquei corretivo para esconder uma espinha que teimava em aparecer. Tomei só um café, não comi mais nada. Afinal, queria emagrecer, ser desejada, admirada, conquistar um amor. Quem sabe naquele ano eu pudesse me transformar em uma outra Ana, outra pessoa.

Peguei o celular, meu fone de ouvido e um livro para ler na praia, onde encontraria meus amigos Lucas, João, Vítor e Camila. Enquanto fechava a porta de casa, ouvi os conselhos de minha mãe, gritando do quarto:

— ANA, TOME CUIDADO NA RUA! Não fique só olhando o celular e se esquecendo da vida.

---

3. Música *Lost Stars*, autoria de Gregg Alexander, Danielle Brisebois, Nick Lashley e Nick Southwood, Maroon 5.

Enfim, o de sempre, ao que eu respondia só com um "Tá bom", para não esticar o papo. Segurei-me para não responder que já sabia. As preocupações de minha mãe eram reais, mas eu tinha outras bem maiores.

Para começar, *o fora que levei* do cara que idolatrava. Ele simplesmente me ignorou. Nem teve o trabalho de responder minha mensagem, tola declaração de amor, com um convite para "dar um rolê". Depois me contaram que ele começou a namorar. Clichê!

Quando a gente se cruzava, ele desviava o olhar e não me cumprimentava!

De vez em quando, eu queria sumir, desaparecer.

Por favor, que se abra um buraco no chão e que eu possa me esconder dentro dele, pensava.

Estava me sentindo tão inútil naquele dia especialmente. Um ser humano insignificante, em dúvida sobre o que vim fazer no mundo. Faria alguma diferença se deixasse de existir? Para quem, além de algumas pessoas de minha família?

Eu era apenas uma garota sem sal, entre muitos milhões de brasileiros e bilhões de habitantes deste minúsculo planeta. O que eu ou qualquer ser humano representava ou podia em meio a toda essa imensidão?

Se ao menos estivesse em um planeta mais evoluído...

Vivia na minúscula Terra, na órbita em torno do Sol, parte de uma galáxia de bilhões de estrelas e planetas. Nossa Via Láctea era apenas uma entre bilhões de outras galáxias, as quais são quase nada na imensidão do cosmos e de outros universos.

Interrompi meus pensamentos ao lembrar que estava muito atrasada para me encontrar na praia com meus amigos.

Eles insistiram para que eu saísse de casa e superasse a desilusão. Já deviam estar todos lá, me esperando. Parece que o Lucas gosta de mim ou da Camila, e ela parece gostar do Vítor. O João se arrasta por ela, mas a Camila não está nem aí.

Lembro-me da conversa com esse grupo de amigos no *WhatsApp*, na noite anterior, insistindo na minha presença.

> **Camila**
> Miga, já percebeu q aquele cara só era legal pq vc msm fez dele uma pessoa lgl na sua cabeça? 🤔
>
> **Lucas**
> Ele não é nd disso. Podemos ser mt criativos e vc é um poço de criatividade kkkkkkkkk 😜 ❤️

Talvez eles tenham razão. E aqui estava eu, tentando fazer esse cara sair do meu coração, a caminho da praia. Meu pai fazia tanta falta nessa hora, éramos muito ligados. Ele morreu há dois anos.

Juntei todos os meus pedaços até sentir um eu, de volta à realidade.

Como eu estava atrasada! Fiquei quase uma hora secando o cabelo, me arrumando para parecer despojada e natural e fazer de conta que não estava nem aí para a aparência.

Quase pisei em um pássaro morto no chão e derrubei o livro e o celular. Só aí comecei a prestar atenção no caminho e a achar que algo poderia estar errado.

Percebi, então, que ninguém se dirigia, como eu, à praia. Ao contrário, as pessoas voltavam correndo de lá, por causa de súbita tempestade tropical. O clima havia mudado drasticamente, e fortes ventos começaram a arrastar tudo pelos ares.

Dei de cara com Lucas, vindo em minha direção.

– Oi, tá suave, tudo bem? – perguntei.

– Vim buscar você. Sempre atrasada e desligada! Maior tempestade! – exclamou ele, enquanto segurava a minha mão, para que eu não levantasse voo. – Você já está sabendo da epidemia? Todos os jovens da cidade acordaram hoje infectados com um vírus, pelo menos é o que estão dizendo. Nossa sobrevivência e de nossos amigos depende de acharmos um antídoto.

– Eu fecho. Eu bem que acordei meio estranha hoje, mas isso é comum, meu natural é ser estranha – respondi. – Por falar em estranho, o que está acontecendo?

O mar recuara e uma onda gigante se aproximava. Meu coração começou a bater, parecia que ia explodir, saltar do meu peito. Íamos sobreviver?

Lucas apertou forte a minha mão e gritou, para que eu não me desgrudasse dele.

– ANAAAA!

– Não sei nadar direito, Lucas – foi só o que consegui murmurar, apavorada.

Ficamos perdidos e confusos; fomos levados, no olho da tempestade, em grande velocidade.

Saímos da Terra, nosso planeta, em um sonho maluco e começamos a voar.

Cruzamos uma espécie de ponte no espaço-tempo, dentro de um buraco negro, em uma viagem através de milhões de estrelas.

– Uauuuu! Parece que entramos na Via Láctea – disse Lucas, que entendia um pouco de Astronomia.

Eu não estava gostando nada daquilo e não tinha a menor ideia de onde estávamos. Descobri só depois onde saímos: no futuro, no ano de 2038! Que maluquice!

Enquanto um Lucas e uma Ana viajavam juntos no tempo para o futuro, uma outra Ana e um outro Lucas passaram a existir em universos diferentes, cada um deles com uma história.[4]

---

4. Há três universos paralelos acontecendo nesse dia. Um Lucas e uma Ana se encontram na praia (capítulo I) e acordam em outra dimensão, no ano 2038 (capítulo IV). Em outro universo do mesmo dia, Ana muda seu caminho para a praia e se desencontra de Lucas (capítulo II). Cada um deles passa a viver histórias diferentes no espaço-tempo. Na terceira realidade paralela, Ana não consegue ir à praia, porque está doente, com o vírus, e Lucas vai visitá-la em sua casa (capítulo III). Lá, Lucas é tragado para o futuro, no ano 2048 (capítulo V).

[**Ana se desencontra de Lucas**

Passos ecoam na memória
Pelo caminho não escolhido
Rumo à porta que nunca abrimos.

T. S. Eliot

Eu, Ana, estava muito, muito atrasada para me encontrar na praia com meus amigos Lucas, João, Vítor e Camila.

Peguei o celular, um livro para ler na praia e coloquei o fone no ouvido. A música sussurrava na minha orelha:

I found a love for me...[5]

Enquanto fechava a porta de casa, ouvi os conselhos de minha mãe.

– ANA, TOME CUIDADO!

Tive que fazer caminho diferente do meu usual, para chegar mais rápido e fugir de uma ventania. Folhas, papéis, areia, tudo flutuava no ar.

Será que vou me desencontrar de meus amigos?

[5. Eu encontrei um amor para mim... Música *Perfect*, Ed Sheeran.]

Na rua, quase pisei em um pássaro morto no chão e derrubei o livro e o celular. Só aí comecei a prestar atenção no caminho e a achar que algo poderia estar errado.

Percebi, então, que as pessoas voltavam correndo da praia, arrastadas por súbita tempestade tropical. O clima mudou drasticamente. De uma hora para outra, fortes ventos começaram a deslocar tudo pelos ares.

Achei abrigo em um casarão branco, onde havia muitos quadros, em frente à avenida da praia.

Lá dentro, a água avançava, mas eu não conseguia sair do lugar nem desgrudar os olhos de uma pintura. Era o retrato da deusa Afrodite surgindo das espumas do mar, cercada de pássaros, em uma ilha. Curiosamente, o local retratado parecia ser o mesmo cenário no horizonte em frente ao mar, onde me encontrava.[6]

Algo diferente começou a acontecer. Um furacão me levou para dentro do quadro, no lugar de Afrodite. Eu virei a própria deusa.

Flutuei no espaço e me senti dentro de um pesadelo, sem conseguir sair dali e voltar. O tempo parou, ficou suspenso. De repente, comecei a cair das alturas.

Os pássaros do quadro se agigantaram e me salvaram. Sempre amei os pássaros e outros animais. Agradeci muito quando me ajudaram a voltar a um lugar seguro.

---

6. O quadro *Revoada de Maio*, de Benedicto Calixto, retrata o nascimento da deusa Afrodite, que surgiu das espumas do mar, em Santos (SP). Está na Pinacoteca Benedicto Calixto, na mesma cidade.

A gaivota e o gavião-real começaram a falar.

Será que eu me encontrava em meu juízo normal?

Eu estava paralisada, sem acreditar no que acontecia. Mais ainda com as suas explicações:

– Você viajou no espaço-tempo e entrou em pleno vácuo, onde os corpos tendem a escorregar. Vamos levá-la de volta à cidade, mas lá o tempo avançou, já está no futuro – disse a gaivota.

Comecei a ter certeza: eu devia estar completamente maluca, delirante, pensei. Devia ter batido a cabeça ou estar dentro de um pesadelo... a minha confusão era geral...

– Não existem mais ruas, a água do mar inundou toda a avenida da praia e, em seu redor, ondas gigantes cobriram os prédios. O oceano adquiriu poderes capazes de afetar as mentes humanas e suas percepções de realidade. Os cidadãos que sobraram se deixaram levar pelo mar – revelou o gavião-real.

– Meu Deus! Que loucura! – falei.

As ruas mais afastadas ainda existentes foram tomadas por fantasmas que tramavam a morte dos poucos ainda vivos, cidadãos mergulhadores, habitando em palafitas e construções corroídas por umidade e cracas.

Alertas ambientais eram dados por canais de televisão; totens e rádios piratas informavam sobre terremotos, maremotos e outros desastres em diferentes partes do mundo. Por ali, fiquei sabendo que grandes e avançadas embarcações salvariam os mais inteligentes, uma nova Arca de Noé.

Eu não era tão inteligente assim para embarcar nessa nova e ridícula Arca de Noé. Dancei.

Meus óculos de grau voaram longe nessa bagunça toda. Míope, eu franzia os olhos para enxergar os avisos.

Bruxos, lobisomens, vampiros dominavam e travavam batalha com caçadores encarregados de exterminar as sombras do mal. Tudo estava corrompido pela água e por plantas, com o cheiro apodrecido dos cadáveres e casas abandonadas. Dei de cara com um caçador, a quem perguntei:

– O que aconteceu?

– As temperaturas da superfície terrestre chegaram a limites perigosos. Os oceanos esquentaram e as geleiras começaram a derreter[7] – ele disse, com uma voz entediada, levantando as sobrancelhas e olhando firme.

– E agora, o que vai acontecer? – indaguei, apavorada, sem obter resposta satisfatória.

– O aqui e agora são invenções do cérebro humano – respondeu o caçador. – O presente é uma ilusão construída nos nossos cérebros, para que seja possível funcionar no mundo. Nunca vemos nada como é 'agora'. O presente existe apenas em nossas cabeças.

– Como assim? O que o senhor está querendo dizer?

---

7. Cenário imaginário, idealizado em condições extremas no futuro, se nada for feito em relação ao aquecimento global do planeta e à emissão dos gases de efeito estufa.

— Acho melhor deixar isso para lá. Você não irá entender mesmo — respondeu, dando de ombros e se posicionando para atirar em uma criatura fantástica e sombria que vinha em nossa direção. E logo num salto partiu rumo a novo ataque.

— Ei, senhor, espere aí! Eu acredito em qualquer história, desde que seja bem contada — supliquei.

Eu não queria ficar sozinha, estava apavorada. Gelei, mais amedrontada ainda, quando gigantesca onda fez tudo submergir e fui arrastada. Tentei nadar, em um cenário de caos e desolação. O fôlego começou a faltar e fui tragada pela correnteza do mar.

Não sei quanto tempo passou.

Quando recuperei os sentidos, um pouco zonza, mais do que o meu habitual, estava dentro de uma caverna, a centenas de quilômetros de distância. E sem óculos... tudo mais confuso... Fiquei uns dez minutos sentada, sem saber o que fazer ou como sair dali, escutando a batida nervosa do meu coração. Estava perdida, nunca me vi em situação pior.[8]

Ao som do barulho das águas da gruta, comecei a perceber que quatro olhos insistentes me encaravam, no meio daquela escuridão. Mais essa!

Encolhi meu corpo pequeno, tentando passar despercebida, mas minha presença tinha sido notada.

8. Música *Ocean*, Alok, Zeeba & Iro

— Qual é o seu nome? – disse uma moça aproximando-se, ao lado de um mico-leão-dourado.

Reconheci os olhos que me observavam no escuro. Agora eles pareciam amigáveis e gentis. Não me causaram mais medo.

— Humm... Meu nome é Ana – respondi, mais calma.

— Não tenha medo, sou Clarice, moradora das redondezas, você está a salvo.

— Será? Onde estamos? Como podemos sair daqui? Não sei que força me trouxe a este lugar lindo e ao mesmo tempo medonho – perguntei, olhando para todos os lados.

— Você chegou à Caverna do Diabo, uma das maiores cavernas paulistas. Estamos cercados pela Mata Atlântica – explicou a jovem.

— Nossa! Como foi possível? Eu estava quase morrendo afogada, muito longe daqui!

— Neste local havia rituais de iniciação e magia. Não sei se tem algo a ver. Depois aqui surgiram vários quilombos, onde os antigos escravos africanos fugitivos se refugiavam. Acho que você entrou em um atalho do tempo, percorreu grandes distâncias em poucos minutos até alcançar a sobrevivência e liberdade neste lugar meio mágico. É fantástico e inacreditável, mas é a única explicação que consigo lhe dar agora. Vou mostrar a saída – disse, enquanto o mico-leão nos seguia, pulando, até o exterior da caverna.

Lá fora, apertei meus olhos para enxergar melhor. Sem óculos e ofuscada pela súbita claridade, só conseguia ver a mata em vários tons de verde, em uma mistura de plantas e árvores.

Cipós entrelaçados começaram a balançar muito e deles surgiu um cavalo imponente, esverdeado, parecendo ter os músculos fora da pele.

As copas das árvores se transformaram em um cavaleiro vestido de negro. Suas palavras foram piores e mais assustadoras ainda do que sua aparência sinistra e seu cheiro de enxofre.

– Viemos buscar você. Sou Morte – disse, em um tom frio e indiferente.

Senti um nó na garganta. Minhas forças se esgotam.

A moça berrou, enquanto ela e o mico-leão-dourado corriam.

– FUJA, ANA!

Ambos sumiram das nossas vistas, conheciam bem o lugar, mas eu fiquei paralisada.

Morte me conduziu a um corredor estreito.

– Sente-se, Ana – ordenou, examinando-me, do alto de seu rosto encovado e olhos sombrios.

Morte tirou sua capa, atirou-a para o lado e endireitou todo o seu corpo.

Como Morte sabia meu nome?

Eu obedeci àquela voz assustadora, sentindo arrepios percorrerem todo o meu corpo. Só consegui balbuciar uma besteira atrás da outra.

– Vou morrer? Juro que não reclamo mais da minha vida. Deixe-me viver! – consegui falar, tremendo da cabeça aos pés e acrescentando palavras de como eu iria procurar ser melhor, ajudar quem precisasse, para continuar vivendo. Senti o xixi escorrendo na calça, de tanto susto.

Morte avaliou meu rosto amedrontado, hesitou e depois disse:

– Não adianta promessa agora, esse *mimimi* todo. São todos iguais esses humanos, não é mesmo, Hades? Explique a ela! – e se virou para o lado, mas não havia ninguém. – Ele é o deus do Subterrâneo[9], para onde vamos levar você.

Hades apareceu, então, quando tirou um capacete de sua cabeça, que o tornava invisível. Só assim consegui enxergá-lo.

– Vamos levá-la para meu reino, o dos mortos, nas entranhas da Terra, o submundo. Eu raramente saio de lá – falou a criatura, com sua voz grave. – Não pense que teremos dó de você, somos impiedosos e insensíveis. Sugaremos toda lembrança feliz que ainda restar em você.

Houve um momento de silêncio.

---

9. Na Mitologia Grega, o Universo é dividido em três grandes impérios. Hades governa as trevas, nas entranhas da Terra; Zeus, o Olimpo; e Posídon (ou Poseidon, Netuno), o Mar. O nome Hades significa invisível e também denomina o seu reino. Seu nome é raramente proferido, de tão temido, dentro da Mitologia.

Eu aproveitei e comecei a correr para fugir daqueles caras estranhíssimos. Foi em vão, eles me alcançaram e me sequestraram, como em um pesadelo.

Passamos por cinco mil metros de corredores e galerias subterrâneas, na mais profunda escuridão e imundície. Eles se alegravam com o desespero daqueles que lá estavam acorrentados.

Paralisada de susto, ali também fui aprisionada, em sinistro labirinto.

A partir daí, só me lembro de estar em sono profundo, dentro de pesadelos que se repetiam sem cessar, mostrando o limiar da morte. Passei a viver em um buraco negro, acordando apenas em breves e aterrorizantes espaços de tempo. Conseguirei escapar?

[30]

LÚCIA TEIXEIRA

[Outra versão do mesmo dia

Andei até abrir uma porta que não dá mais [pra fechar
Se entrar, não dá pra voltar
Se começar, tem que terminar
Todo dia peço pra Deus
Abençoar aquilo que já conquistei
E pro medo não dominar
O sonho que já trilhei[10]

NX Zero

Na manhã daquele dia estranho, eu, Lucas, acordei e me arrumei logo. Ia encontrar meus amigos na praia.

No caminho, fiquei sabendo que a maioria dos jovens da cidade estava infectada com um vírus de nome estranho, *Alienatio*.

Inacreditável, em pleno século vinte e um, doenças aparecem e outras reaparecem em surtos e epidemias, sem controle!

A maioria dos jovens acordou sofrendo de uma misteriosa doença: eles perderam a capacidade de imaginar. Suas redes neurais sobrecarregadas criaram um desajuste. A epidemia causou a perda de desejos, da vontade de criar, de acreditar em si. Já pensou? Não conseguiam mais enfrentar frustrações.

A passagem desse sentimento de incapacidade em seu íntimo, por vias neurais, criou nos infectados um hábito de medo e tristeza, com falta de confiança em si e sem reação às decepções.

Se não fosse encontrado antídoto, a tarefa de criar e imaginar seria atribuída a robôs humanoides, inteligência artificial, androides!

10. *Hoje o céu abriu*, música de NX Zero.]

Deveriam ser projetados a partir daí com emoções e se tornariam, então, superiores aos humanos para lidar com fatos e perdas e alcançar o que está só em sonhos.

Todos os jovens deveriam ficar em quarentena, impedidos de deixar a cidade. Que saco! Autoridades anunciaram um tratamento obrigatório nas redes de saúde. Consistia na implantação no cérebro de *fake memories*, memórias falsas, já testadas em alguns robôs com sucesso. A imensa capacidade dos robôs de armazenar dados foi ampliada com emoções geradas em lembranças implantadas, como se eles tivessem vivido aqueles acontecimentos.

O procedimento, no entanto, era delicado e arriscado em humanos. Esperava-se, como resultado, o fim da depressão e o alcance do máximo de felicidade e saúde.

Tem gente que não liga para essa nova enfermidade que está acontecendo. É mais um motivo para ignorar quem está doente ou quem não é considerado "normal".

Que ideia absurda essa de normalidade! Impõe padrões, descarta as individualidades e não entende que cada um de nós é único. Ser diferente, raro, é uma qualidade, mas teimam em nos padronizar.

Isso me veio à mente ao me lembrar da última conversa com minha amiga Ana. Ela agora está com esse vírus.

Ana me disse que não se sentia aceita e se questionava: o que estou fazendo aqui?

Eu respondia com piadas, menosprezando sua angústia.

— Isso é normal em todos nós — eu falava. — Já parei de tentar esclarecer o que estou fazendo aqui, o equívoco que é essa minha existência.

Será que eu devia ter falado alguma coisa diferente ao invés de ignorar seus sentimentos? Não foi minha intenção. Que tristeza. Ana sentia muito a falta do pai, falecido há pouco tempo.

Fui visitá-la em sua casa. A mãe da garota me pediu:

— Lucas, faça companhia à Ana. Sua presença lhe fará bem, quem sabe ela se anima e reage. Ela está dormindo faz tempo. Ficarei aqui na sala. O médico disse que pode ser essa nova epidemia, esse vírus.

— Será? — falei, espantado.

— Ou crise de depressão e pânico — completou a mãe, preocupada. — O médico explicou que pode acontecer também na adolescência, coincidindo com a transição para novas etapas da vida. A depressão[11] tem tratamento, precisa de ajuda médica e psicológica. Talvez Ana não tenha superado a morte do pai. E alguma outra coisa pode ter desencadeado isso.

A mãe de Ana não sabia que a filha tinha uma paixão não correspondida. Não seria eu quem iria contar.

Vi, na mesinha ao lado da cama de Ana, seu bloquinho de anotações, caneta e duas coisas de que ela não se desgrudava: o celular (com a tela toda estourada, nem sei como ela conseguia usar aquilo) e um livro.

11. Informações no final do livro.]

Comecei a ler em voz alta um trecho do livro. Será que ela ouve ou percebe algo? Quem pode saber? Interrompi a leitura e olhei para seu rosto. Dei-lhe um beijo e até parece que Ana esboçou um leve sorriso. Comecei a cantar baixinho.

I think I should speak now. Why won't you talk to me?
But I can't seem to speak now. You never talk to me.
My words won't come out right. What are you thinking?[12]

– Não se preocupe, você vai sair dessa. Sempre conseguimos, né? – falei, segurando sua mão. Meu tom confiante surpreendeu a mim mesmo. Nem parecia minha voz tímida e fraca.
– Sou um fracasso – respondeu ela, com voz rouca, que para mim soou até meio *sexy*. – Senta um pouco, Lucas. E você, como está?
– Sei lá...
Franzi a testa, acompanhando o olhar da amiga, enquanto sentava no chão do quarto.
– A coisa mais imoral é você desistir de si mesma – falei, para tentar convencer a nós dois a seguir em frente. – Ninguém nem nenhum amor salva quem não luta por si.
– Mas eu não sei por onde começar – soluçou. – Estou infeliz com meu corpo. O cara de quem gosto SIMPLESMENTE

---

12. *Penso que eu deveria falar agora. Por que é que você não fala comigo? Mas não consigo falar agora. Você nunca fala comigo. Minhas palavras não saem direito. Em que você está pensando?* Música *Keep Talking*, de Pink Floyd, autoria de David Gilmor, Richard Wright e Polly Samson.

me ignora. Não consigo arrumar um emprego, para ajudar minha mãe com as despesas. Depois que o meu pai morreu, piorou a situação aqui em casa. Quero escolher uma faculdade, mas não sei qual nem se vou conseguir. Sinto muito a falta do meu pai e não quero preocupar minha mãe. Meus amigos sumiram, estão surtando com essa epidemia. E tem mais... Será que vou conseguir viver livre e em paz com esses e outros tormentos?

– Ana, você é uma das melhores pessoas que conheço. Parece frágil, mas é corajosa e inteligente. Além de ser trágica e cômica ao mesmo tempo – falei, insistindo com um sorriso animador. – E também tão... tão...

– Tão... tão... sou uma tragicomédia mesmo! – disse veemente.

– Ana, são essas suas loucuras que fascinam em você – falei, me endireitando – Algumas perdas na vida são na verdade uma liberdade! Claro que não estou falando a respeito de seu pai, e sim de uma OOOUUUTRA pessoa. Esse cara é um bobo, deixa ele pra lá! Ele que perde e não você – e comecei a imitar o jeito de andar do cara por quem ela é apaixonada.

– Não é só por ele. Ainda bem que você está aqui, Lucas – disse Ana, com voz carregada de emoção.

– E sobre seu corpo – falei. – Esqueceu o que você mesma dizia? Que a mídia estabelece um padrão de corpos que não coincide com o real? Que ser mais gordo ou mais magro não é empecilho pra gente ser feliz? A gente sabe, é tudo maquiado nessas fotos e filtros da internet! Ninguém tem aqueles corpos, rostos e *stories* tão felizes e artificiais! É tudo um personagem!

– Isso é mesmo...

– E sua cor, então! Invejo você, sua pele negra e linda. A minha é tão branca que descasca ao tomar qualquer sol... – digo.

– Ah Lucas. O amor da minha família me fez crescer gostando da minha pele e valorizando a história dos meus antepassados. Mas racismo e preconceito ainda existem.

Procurei em minha mente outra lembrança para animá-la.

– Vamos comemorar nossa nova liberdade e nossa amizade. Poder ir onde bem desejar, confiar um no outro, aguentar um ao outro... – completei, rindo. – Ana, você...

Mas nem deu para terminar a frase.

Tudo pareceu se dissolver. Uma parte de mim se virou, enxergando o futuro, depois o passado, em filmes alucinantes na minha cabeça. Uma sensação estranha tomou conta de mim.

Uma força misteriosa me tirou de lá e me transportou para dentro de uma nave, ao lado de um tal Senhor do Tempo.

Tudo pareceu flutuar no espaço sem-fim.

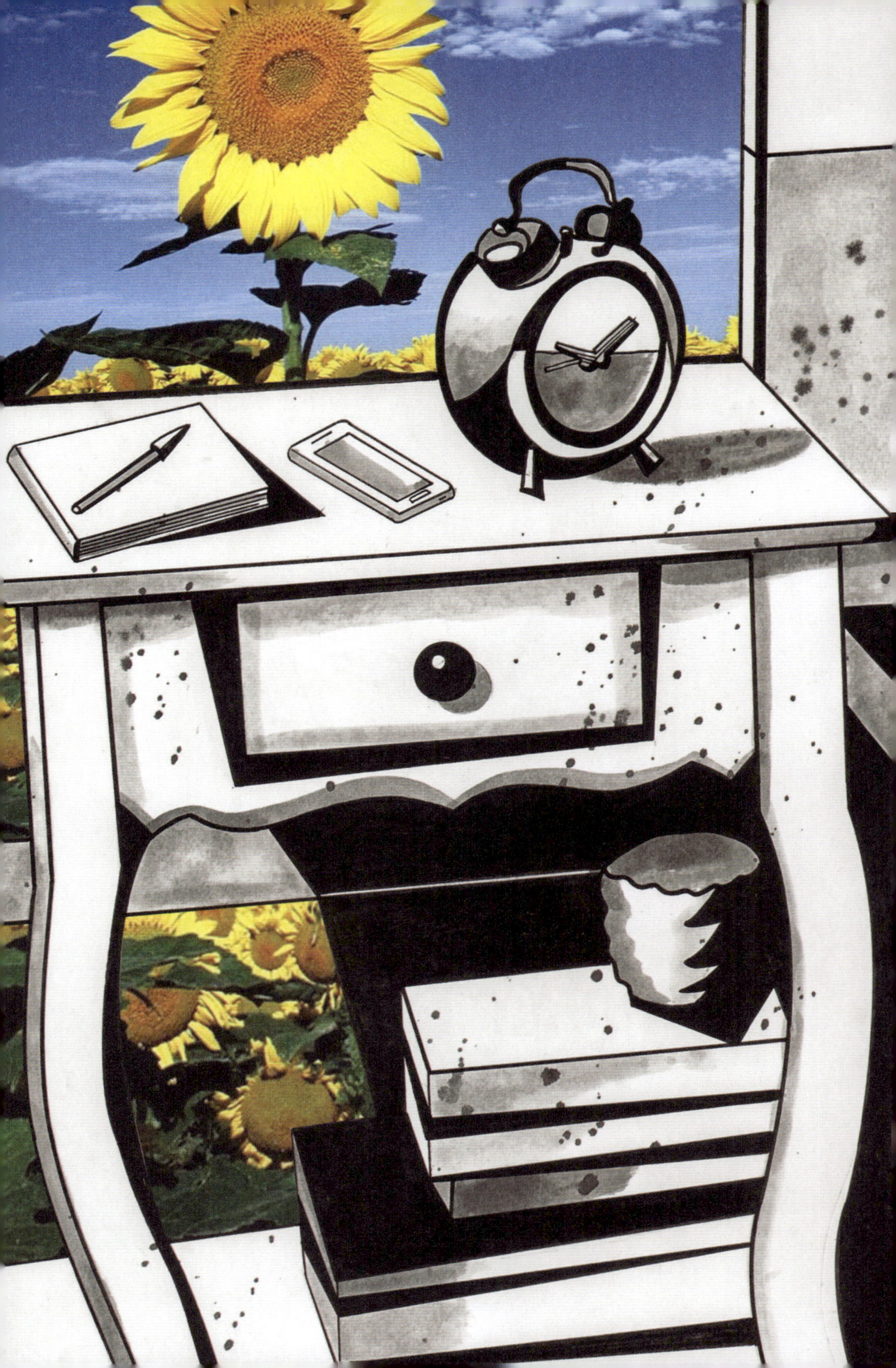

IV
NÃO SOU MAIS RIDICULAMENTE ADOLESCENTE

[Lucas e Ana em 2038

> *A realidade é meramente uma ilusão,*
> *embora seja uma ilusão muito persistente.*
>
> Albert Einstein

Acordo, mas continuo deitado na cama, sem ânimo. Meu reflexo no espelho é a única companhia, além do silêncio total.

Vejo não apenas a imagem de agora, de um Lucas com quase dezoito anos. Cada vez que me viro, aparece outra, criança, adulto, evoluindo, voltando ou se reconstituindo, em *loop*. É como se eu tivesse o poder de "ver" o tempo: não só o presente, mas também o passado e o futuro.

Antes mesmo que eu possa me confrontar com a realidade e a incerteza do destino, uma voz robótica ordena:

– Lucas, levante. Está próxima a décima primeira hora. Você chegou em 2038.

Sem entender, ergo-me da cama, ainda entorpecido de sono e cansaço.

Ao fundo, a música *Fitter Happier*[13], cantada pela mesma voz metálica de computador. Paisagem sonora perfeita para a ironia desse momento. Perfeita onde?

Não sou mais ridiculamente adolescente e desesperado, infantil, não vou mais chorar em público, sofrer por amor. Estou mais saudável, produtivo, enfim, cresci, mas ainda beijo com saliva.

---

13. Do grupo Radiohead, coautoria de Thom Yorke, Jonny e Colin Greenwood, Ed O'Brien.

Começo a lembrar como tudo começou.

Em um estranho dia, os jovens da cidade acordaram sofrendo de uma misteriosa doença: perderam a capacidade de imaginar.

Eu estava conversando com Ana, em seu quarto. É a última coisa de que me lembro, quando fomos tragados para uma espaçonave e viemos parar no futuro.

Será que minha memória foi apagada? Eu estava com dezoito anos e ainda me sentia igual...

A música interrompe meus pensamentos: ... mexa-se e ande por aí.

Onde estou? Que lugar é este? Onde Ana foi parar?

Vou à sua procura e de algum alimento.

Que fome!

Na rua, o ar está irrespirável e poluído. Vejo outros jovens, sedentos e famintos, com seus óculos imersivos.

Finalmente enxergo Ana, sentada na calçada, lendo seu inseparável livro. Que alívio!

— Ana, que *vibe* é essa em que nos metemos?! Como viemos parar aqui?

— Algo muito louco! Pensei que eu estava delirando! Mas agora, ao ver você, lembrei. Estávamos perto da praia, surgiu um grande vendaval, entramos em um túnel[14] e saímos nesta outra dimensão. Cruzamos uma espécie de ponte que nos trouxe para o futuro, para o ano de 2038. Olhe aqueles luminosos com a data. Isso é que é sair da realidade! – respondo.

14. Túnel de transporte galáctico para viagens no espaço e no tempo.

— Eu não me lembro disso. Na minha memória, eu estava em sua casa, no seu quarto, conversando, quando fomos tragados para dentro de uma espaçonave com um tal Senhor do Tempo – respondi.

— Naquele dia, vivemos histórias diferentes em universos paralelos com várias versões de nós. Deve haver alguma razão – fala Ana.

— E veja, o tempo passou no mundo, mas não para nós, não envelhecemos. Planejei tanto comemorar meus dezoito anos com meus amigos, mas não consegui! – digo, com a voz carregada.

— Este livro aqui fala um pouco sobre essas viagens no tempo. Você entrou em um universo, eu em outro e nos encontramos em alguns, como este em que estamos agora. Há coleções de universos – mostra a garota.

Ana estava sempre lendo ou fingindo estar entretida com seu interminável livro. Conseguiu até trazê-lo! Tinha sido meu presente, em seu último aniversário. Ler era também mais uma forma de ser deixada em paz, não ser incomodada e escapar dos rótulos de alienada, nervosinha, impaciente e raivosa.

Ficava trancada no quarto, para não precisar conversar com os mais velhos, nem ouvir conselhos e críticas. Raiva e silêncio eram expressões de nossa impotência perante os outros e o mundo.

Demos um selinho uma vez, mas não avançou. Eu comecei depois a namorar a Júlia, mas eu ainda não tinha certeza dos meus sentimentos por ela, nem coragem para desmanchar o namoro. Até que, um dia, consegui terminar. Foi muito duro ver Júlia chorando, fiquei muito mal ao perceber como ela estava magoada.

— Não sei por que razão, mas aparentemente eu e você não contraímos o vírus *Alienatio*, que alterou a capacidade de imaginar. Ou será que pegamos a doença e não sabemos? Isso faz parte, nem ter consciência de que estamos infectados? Será tudo um... delírio? – pergunto à Ana.

— Quem pode saber? Esse vírus altera também a capacidade de perceber a realidade.

— Bem, parece que escapamos da epidemia. Pelo menos estamos vivos. Mas, em compensação, aconteceu essa coisa bem esquisita conosco. Viemos parar no futuro. Sempre fomos habitualmente críticos, pessimistas e desconfiados do mundo – disse Lucas, olhando ao redor, intrigado.

— Você queria achar a cura para a epidemia. Talvez seja essa a razão para estarmos aqui – comentou Ana, com uma nota de ansiedade na voz.

Àquela altura, eu estava bem confuso em um território onde não era ninguém. Para raciocinar, precisava tomar um café.

Peço a um guarda na rua para nos indicar onde encontrar café e água.

— Água? Isso é muito caro, um bem raro, meus jovens. Vocês vêm de onde, não sabem disso? Por causa do alto preço da água, agora é mais fácil vocês comprarem a pílula que imita o sabor do café.

— Nossa! Que terrível! E onde podemos achar?

— Aqui perto há várias lanchonetes, dentro de uma universidade. Lá, estudantes e professores poderão lhes dar melhores explicações – diz, olhando-nos meio desconfiado sobre nossa origem e nossa história.

Seguimos as placas e assim chegamos à universidade. Logo na entrada, identificamos um simpático professor, que se despedia de seus alunos. Pegamos coragem para contar a ele sobre nossa situação. Acreditando ou não na história, ele questiona, surpreso e um pouco incrédulo:

— Já são costumeiras essas viagens no tempo? Sei que a ciência estabeleceu serem possíveis, mas ainda não demonstrou. Bem interessante em teoria...

— Sei que parece bem esquisito. Avançaram as pesquisas sobre isso? Ou, pelo menos, como poderemos voltar para nossa casa e o nosso tempo? – pergunto, aflito.

— Esses estudos ainda são experimentais, não tenho um conhecimento mais profundo sobre eles. Talvez achem explicações na biblioteca e no computador quântico[15] lá instalado. – diz, apontando o local.

— Nossa! Será que somos os primeiros a viajar no espaço-tempo? Temos muitas perguntas a fazer. O senhor nos ajuda? Sabe algo sobre um vírus chamado *Alienatio*? – pergunto, ansioso.

---

15. Computadores quânticos podem fazer em segundos o que computadores normais levariam séculos.

— Está entre as maiores epidemias da História. A *Alienatio* matou muita gente, a partir de 2020. Assim como a Gripe Espanhola, em 1918, no final da primeira Guerra Mundial; e a Peste Negra, na era medieval, em 1346.

— Nossa! E encontraram a cura para a doença? – questiona Ana.

— Ela ressurge de tempos em tempos, meus amigos. Desculpe, preciso voltar a dar aula.

— Mas antes, se não for pedir muito, podemos tomar algo, água, café?

— É tudo muito caro. Se vocês são realmente viajantes do tempo, não devem ignorar que, em sua época, houve muito desperdício. Agora não temos água suficiente para consumo de todos. As águas dos oceanos, rios e lagos, bem como o solo, foram todos contaminados. Nada escapou.[16]

— Como fomos irresponsáveis, a ponto de comprometer a sobrevivência e a saúde! – comento, desolado.

— E tem mais. O uso abusivo ou incorreto de medicamentos e antibióticos fez surgir as superbactérias, ultrarresistentes a

---

16. Atualmente, nos oceanos, rios e lagos, vão parar produtos químicos despejados sem tratamento; restos de vários remédios (muitos antidepressivos, que a maioria das pessoas passou a tomar a vida inteira); agrotóxicos; hormônios; plásticos e microplásticos não reciclados, que intoxicam peixes e a vida marinha e contaminam até a água que sai da torneira nas casas, o ar e o solo; remédios aplicados nos animais, na criação do gado e na agricultura, que afetam o solo e os rios. A contaminação do solo está comprometendo importante manancial de água subterrânea, o Aquífero Guarani, que se estende no subsolo de inúmeros Estados brasileiros e vários países da América do Sul.

qualquer tratamento. De remédio viraram uma das principais causas da morte – lamenta.

– Eh! Alguma coisa melhorou de lá para cá? – pergunto, ansioso.

– Depende do ponto de vista, meu caro.

Agradecemos ao professor. No caminho para a biblioteca, comentamos como seria difícil, talvez impossível, retornar ao nosso espaço-tempo.

Ana me pede para esperar um segundo, enquanto sentamos no chão para procurar alguma pista em seu inseparável livro.

– Em algum lugar este livro descreve isso. Meu Deus, me faça achar logo! – diz, folheando-o, ansiosa e freneticamente.

– Já parou para pensar que a realidade à nossa volta pode não ser muito... real?

Sou interrompido de repente. Na nossa frente, surge uma assombração, uma figura bizarra, parece ser o mesmo cara que nos levou para dentro de uma nave e trouxe para aquele futuro. Cantando, apresenta-se como Senhor do Tempo, vindo de outro universo:

– *O tempo é rei, e a vida é uma lição. Um dia a gente cresce, conhece nossa essência e ganha experiência. Aprende o que é raiz. Então cria consciência.*[17]

– Ei, é letra da música *Senhor do Tempo*, do Charlie Brown. O cara deve ser maluco, e nós, mais ainda, dando atenção e ouvidos a um lunático. Ou é um trote? – comento com Ana.

17. Música *Senhor do Tempo*, Charlie Brown Jr.

Ana balança a cabeça e volta a se concentrar em seu livro.

Ele parece ler nossos pensamentos:

— Minha missão é alertar sobre infinitos perigos. Já vi muitas coisas em viagens interplanetárias. Meu lar é na chamada Mancha Fria[18], que existe há treze bilhões de anos. Um outro eu neste exato momento vive naquela galáxia distante, com uma realidade igual ou diferente desta aqui. Além disso, perambulo por vários universos e entre o mundo dos vivos e dos mortos.

Ana finalmente levanta os olhos do livro, interessada no assunto, pensando que talvez nossas dúvidas possam ser esclarecidas:

— Você sabe algo sobre viagem no tempo? Ainda não entendi bem as explicações deste livro sobre controle do fluxo do tempo, multiverso[19], uma coleção infinita de universos, cada um com suas leis. Lucas e eu queríamos aprender isso. Quem sabe você pode nos ajudar a regressar para a realidade onde vivemos. Entender o que realmente aconteceu conosco no passado e que enigma nos trouxe para cá.

O Senhor do Tempo a ignora, está aflito para resolver assuntos mais urgentes:

---

18. A chamada Mancha Fria (*Cold Spot*) é uma área de 1,8 bilhões de anos-luz de diâmetro, excepcionalmente vazia do Universo, com treze bilhões de anos, que é mais fria do que o espaço ao seu redor.

19. A ideia de Multiverso se apoia em leis da Teoria da Relatividade de Einstein e na Mecânica Quântica. Ainda não testada, defende que o universo em que vivemos não é o único que existe e que pode ser um dentre um número infinito de universos.

— Logo não haverá mais lugar no Inferno. Quando isso acontecer, os mortos vão andar sobre a Terra. Tento chamar atenção sobre a ameaça desse exército de mortos para seu planeta. Eles propagam e amam a morte, dos outros e deles mesmos — revela o ser. — Ninguém na Terra me dá atenção, cada um olha só para seu próprio umbigo. Os terráqueos não enxergam a extensão do mal que assola o seu mundo, com guerras, crimes e violência, e a vida de cada um, com medo e sofrimento. Já deviam ter aprendido a deixar as armas, as guerras e as simulações somente para os *games*. Vocês poderiam me auxiliar.

— Nós não somos daqui nem estamos prontos para isso — diz Ana.

— Ninguém nunca está — fala o Senhor do Tempo.

— Logo nós? Não sei o que poderíamos fazer — questiono.

Quem, em sã consciência, perderia tempo com esse cara vindo de uma tal Mancha? Será que esse lugar existia? Só nós, mesmo... Mas e se ele estivesse certo?

— *Só quero saber do que pode dar certo. Não tenho tempo a perder. Só quero saber*[20]... — o Senhor do Tempo me responde, cantando música dos Titãs. Fala sério!

— Aprendi músicas e outras coisas sobre a cultura terrestre nos satélites que vocês, humanos, lançaram no Universo, na

---

20. Música *Go back*, Titãs, autores Torquato Neto e Sérgio Britto.

tentativa de se comunicarem com vida fora da Terra. Gostei! – fala ele.

Em que esse pirado iria nos meter? Já tínhamos problemas demais para resolver: voltar para nossa realidade e encontrar um antídoto para a doença. Só nos faltava mais essa!

– Sei que estão me achando um louco. E sou mesmo. Descobri que, neste seu planeta, existem vantagens em ser maluco. Somos ignorados. Mas ouvimos e observamos. E agora não há muito tempo. Vocês se acham o centro do Universo, mas não são. Há muitos outros mundos – completa – *Só os loucos sabem...*[21] – canta.

Esse Senhor do Tempo, enfim, diz a que veio, convidar nós dois a acompanhá-lo em sua missão.

– Geralmente eu pouco falo, às vezes, por timidez; às vezes por vontade – rebate Ana. – Agora você exagerou, cara, não tem essa de missão, não, desculpe. Já estamos muito enrolados.

– Veja bem – digo, negociando. – Temos de achar um jeito de voltar para casa e fazer nossos amigos reagirem à epidemia, sem precisar viver com recordações inventadas por outros, como se fossem robôs. Deve ter sido por isso que viemos parar no futuro, para achar a cura. Pode nos ajudar nisso ou

---

21. *Só os loucos sabem*, música de Charlie Brown Jr.

indicar quem possa? Depois disso, quem sabe a gente consiga auxiliar você.

– Sigam-me nessa curvatura do espaço-tempo. Viajaremos mais rápido que a velocidade da luz para o hiperespaço[22]. Iremos a um universo paralelo, um modo alternativo de existência física. – Acena o estranho ser, com um sorriso irônico.

E explica:

– Um Lucas permanecerá com Ana e um outro Lucas e uma outra Ana passarão a coexistir em diferentes universos quânticos.[23]

22. Hiperespaço: espaço definido por quatro ou mais dimensões. Embora as viagens em velocidade superior à da luz, através do hiperespaço, ainda não sejam possíveis, esse conceito matemático alterou a visão de universo.

23. Ideia de que nosso universo seja apenas uma parte da realidade, constituída por vários universos que coexistem simultaneamente.

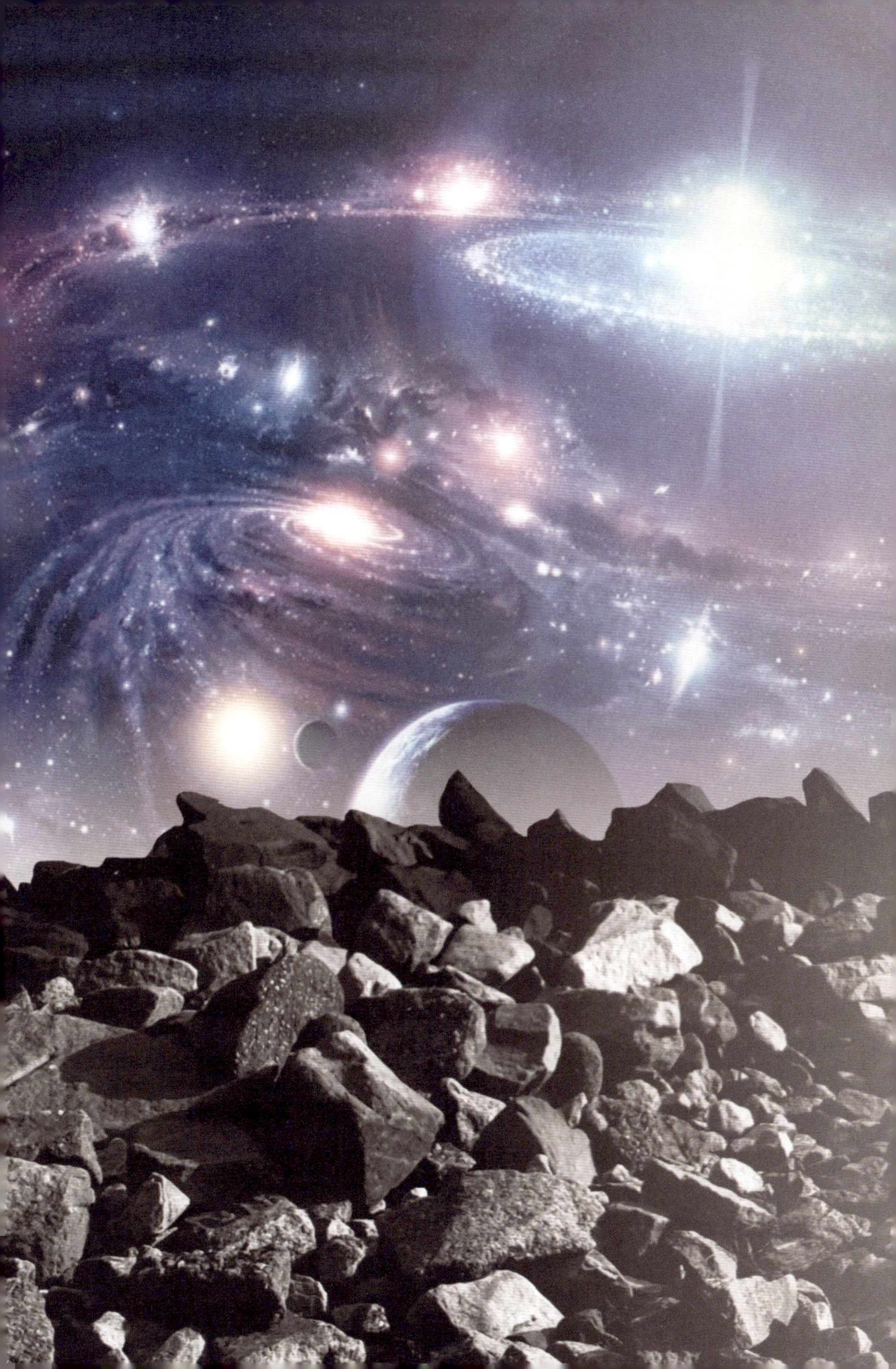

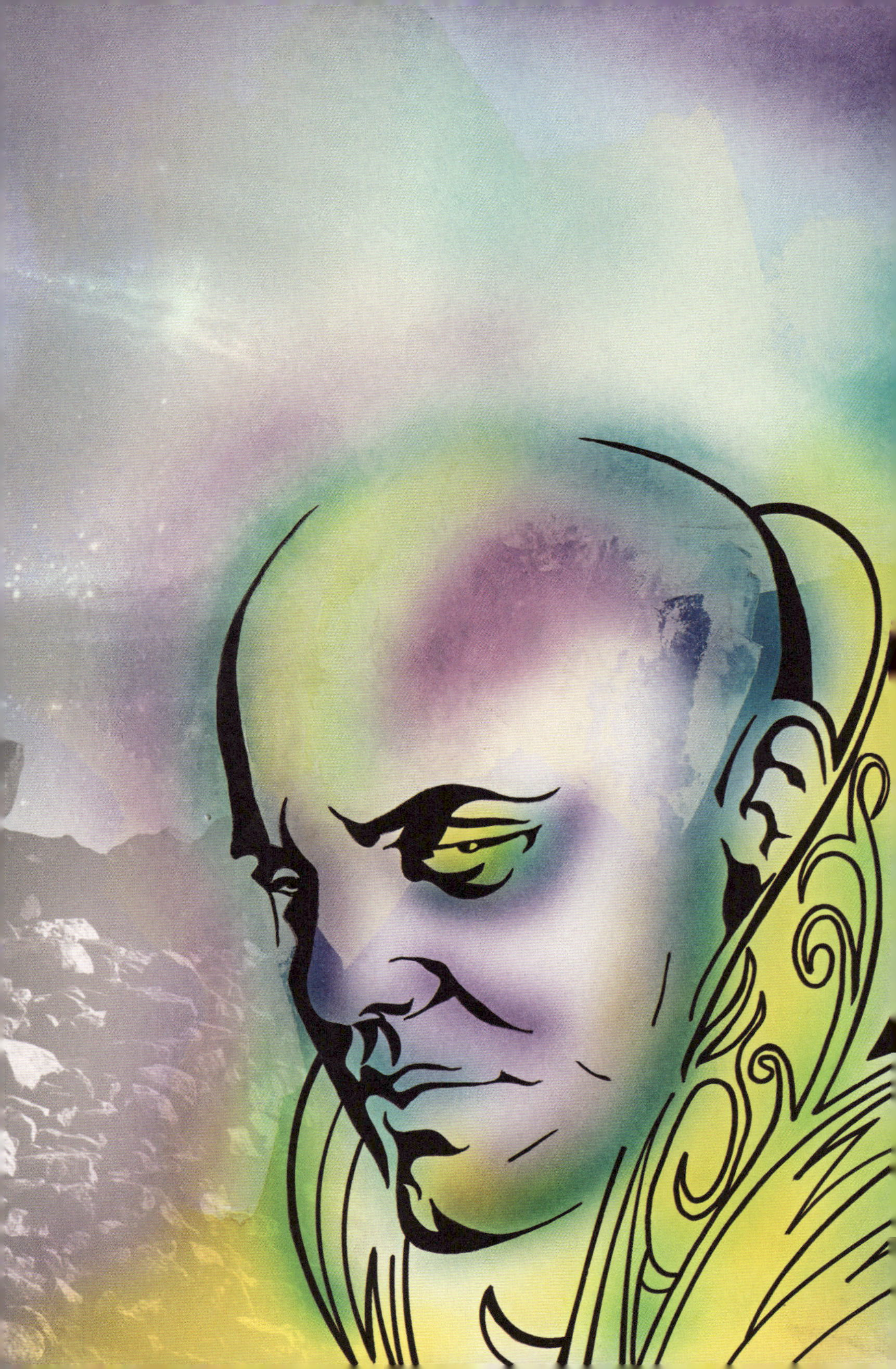

v [Lucas] em 2048 – a resistência

LÚCIA TEIXEIRA

Quem controla o passado controla o futuro.
Quem controla o presente controla o passado.[24]

George Orwell

Eu, Lucas, e esse alienígena, Senhor do Tempo, somos arremessados no espaço, em velocidade dez vezes superior à da luz, que é de trezentos mil quilômetros por segundo. Isso seria possível? Sempre soube que era impossível superar as imensas distâncias em viagens estelares, de acordo com o conhecimento que temos hoje na Terra.

— É possível, sim, viajar distâncias inimagináveis, mais rápido do que a luz. Seu povo, sua ciência e sua ridícula Física ainda não chegaram a esse estágio de conhecimento — fala ele, adivinhando meu pensamento.

Será possível? Por que a civilização desse Senhor do Tempo se manteve desconhecida e escondida de nós até agora? Só agora quer intervir na Terra e se comunicar com os humanos? Logo comigo estaria agora esse maluco estabelecendo contato?

— A entrada no hiperespaço requer cuidados, as coordenadas devem ser precisas — explica ele, interrompendo mais uma vez meu pensamento.

24. Do livro *1984*.

Mas os equipamentos da nave do Senhor do Tempo não são muito confiáveis. Nem sei se ele também é. Parece mais um maluco. Estou sozinho com esse lunático e não sei onde foi parar Ana.

Sou jogado fora da embarcação quando ela realiza uma série de saltos, viajando na borda de um buraco negro.

– Puxa, de novo NÃOOOOO!! – grito, assustado.

Meu corpo fica dormente e apago. Recobro aos poucos a consciência e enxergo meu corpo imóvel e semitransparente se materializando. Estou em um parque.

Parece que estou em um planeta parecido com a Terra, mas está tudo muito diferente. Ou isso é a Terra? Não sei onde se enfiou o tal Senhor do Tempo, que me trouxe para essa realidade. A única pessoa que tinha para me orientar é um maluco!

Procuro Ana, mas ela também desapareceu. Encontro, então, um rapaz e uma moça, muito simpáticos.

– Lucas, você entrou em uma fenda do tempo, realidade oculta de universos paralelos. Voltou para o planeta Terra, no ano de 2048.

– 2048? Como sabem meu nome?

– Está assustado? Não devia mesmo estar aqui – dizem. – Telepatia e leitura do pensamento são comuns para alguns de nós. Quase nenhum segredo existe aqui.

Tenho que tomar cuidado até com o que penso! Já não estou gostando muito disso, reflito.

Eu estou apavorado e preparo-me para o que virá a seguir.

Eles parecem adivinhar que, além do medo, também estou faminto.

– Vamos conversar de estômago cheio – fala o moço, com um sorriso amistoso. – Lucas, meu nome é E235, e esta é minha esposa, F403. Caminhe conosco.

Que estranho. Letras e números em vez de nomes. Que impessoal! Mas eles são simpáticos e parecem amigáveis.

– Você pode contar conosco. Vamos ajudá-lo a voltar e achar a cura para a doença de seus companheiros.

Menos mal.

No trajeto, todos os carros conduzem a si próprios, sem motoristas. Mas nem todas as ruas permitem trânsito de veículos.

– Uma corporação controla o algoritmo que comanda todo o mercado de transporte – explica E235. – Uma pequena elite controla os dados e as informações. Daqui a pouco, a autoridade humana pode se transferir para robôs, mais inteligentes do que humanos.

Jovens com óculos de realidade virtual transdimensional passam totalmente alheios a nós e ao que acontece em volta deles. Também, a realidade em volta deles não é nada animadora. Um mundo bem cinza, feio, escuro.

– É isso mesmo que você está pensando. Todos preferem ficar *on-line*, onde representam uma face de si mesmos, não necessariamente verdadeira. Estão vivendo meio como avatares – fala E235.

– Talvez eles se sintam mais importantes assim do que como pessoas reais – completo.

Alguns cidadãos pedem esmolas e comida pelas ruas, com cartazes de desempregados. Parece que o "progresso do futuro"[25] aprofundou a falta de empregos.

---

25. Conceito de progresso precisa incluir desenvolvimento sustentável e humano, baseado em justiça global, e não apenas na economia. As escolhas feitas hoje não devem limitar as possibilidades disponíveis para as pessoas no futuro.

Ao chegar à lanchonete, uma grande decepção. A comida servida é uma barrinha e alguns jovens dão o próprio sangue como forma de pagamento.

– Será que vão me exigir isso?

– Não, pelo menos por enquanto – explica E235. – O sangue jovem ajuda a recuperar tecidos musculares, órgãos e a capacidade de percepção e aprendizado dos mais velhos.

Que horror!

O atendente virtual faz o reconhecimento pela face e voz, respondendo às nossas ondas cerebrais.

Chega minha vez, mas meus padrões são desconhecidos:

– Face e voz não identificadas! É outro robô? Cada vez mais perfeitos! Digite esse código ao lado.

E235 explica que não sou robô e pede para nós dois uma refeição especial de boas-vindas.

A moça, F403, diz não precisar de nada.

– Eu também sou um dos muitos ciborgues[26] com cérebro de um ser humano e detalhes de sua consciência e personalidade – explica F403. – Na zona da Imortalidade, cérebros humanos podem ser conectados diretamente a computadores, robôs e inteligência artificial. Assim, a vida dessa pessoa é prolongada indefinidamente pela engenharia biotecnológica. Estamos vivendo a fusão entre mente e máquina. Talvez se atinja em breve a superação da inteligência humana pela inteligência artificial.

F403 era uma cópia digital do corpo e da mente de um indivíduo, que poderia viver por centenas ou milhares de anos.

26. Ciborgues são em parte humanos e em parte máquinas.]

Neste mundo, não havia mesmo diferença entre humano e máquina nem entre realidade física e virtual.

– Não sei como conseguiram lidar, neste mundo, com um desafio: a capacidade de distinguir entre o certo e o errado é essencialmente humana – digo, com minha voz baixa, sem olhar para meus interlocutores, e já arrependido de ter falado. Mas tomo coragem e continuo. – É possível ensinar uma máquina a ser inteligente, mas ela pode ser usada para o bem ou para o mal, dependendo dos dados e regras de quem a programou.

– Ah, isso dá uma boa conversa – responde E235, enquanto entrega minha refeição.

– Do que é feita? – pergunto, desconfiado, antes de comer.

– Grilos e farinha composta de insetos. Eles precisam de seis vezes menos alimento que o gado para gerar a mesma fonte de proteína – responde E235.

Pelo jeito, com meu estômago roncando, vou ter que me acostumar a comer farinha de insetos[27]. A população mundial cresceu e não há mais comida nem água para todos.

– Comidas diferentes, carnes de laboratório, são servidas em outros locais, mas apenas aos cidadãos de outras classes sociais, mais privilegiados. – sussurra F403. – A elite controla as máquinas, possui as tecnologias, consegue mais recursos, melhoramentos genéticos e quase a Imortalidade. É assim que se chama a área inclusive onde habitam esses privilegiados, bem diferente daqui. Para eles, não existe a doença antes da chamada velhice.

---

27. Muitos povos, ao redor do mundo, em todos os tempos, sempre comeram insetos e larvas, ricos em nutrientes. Em cidades brasileiras, como a de Santos, no século 19, formigas fritas ou assadas, entre outras "guloseimas" parecidas, eram vendidas. A formiga tanajura ou içá e outros insetos já são servidos na culinária brasileira.

— Doença? Não é mais uma etapa da vida? – pergunto.

— Agora ela é evitada pela tecnologia, com a limpeza nos estágios iniciais do câncer, das demências, das doenças do coração e degenerações – responde F403. – Assim que nascem, as pessoas recebem lentes de contato, lentes "smart", inteligentes.

— Para que servem?

— A parte boa? Fornecem medicamentos diretamente no olho, monitoram e retardam a progressão de doenças dos vários órgãos. Quer saber a parte ruim? – sussurra.

— Claro! – mal conseguindo me manter de pé, aguardando o que estava por vir.

— Tudo o que vemos é gravado pelo governo. Querem controlar nosso pensamento, nosso passado, nossa memória, nosso futuro. Pessoas podem ser "canceladas", parar de existir quando eles quiserem, assim como o passado e o presente. É para nosso bem – diz ele, piscando o olho, para disfarçar. – E por aqui transmitem propaganda. – E235 abre o olho para que eu veja o "espião tecnológico" inserido ali dentro.

Sabendo que estamos sendo gravados, murmuro:

— Tem uma parte boa, as doenças a serem evitadas. Mas deveria ser para todos. E existe vacina para a epidemia *Alienatio*?

— Um amigo robô poderá responder. Ele tem todas as respostas, já nos comunicamos com ele – diz a moça.

— Que bom! Obrigado! – falo, agradecido.

Meus novos amigos percebem que estou confuso e me acalmam:

— Amanhã cedo, nosso amigo robô lhe trará as informações para a prevenção e a cura da doença. Descanse, logo será um novo dia.

É tarde da noite. Sou apenas um ser humano cansado, questionador de sua identidade e humanidade. E da desumanidade do mundo. Pelo que vi, as desigualdades parecem existir também neste universo.

— Vocês têm razão, preciso me recuperar e voltar logo com a solução. Se eu me sentia deslocado antes, estou mais ainda neste futuro – dou um longo suspiro.

E235 e F403 me levam para sua residência comunitária. Apesar de a moça-robô ser quase imortal, ela se apaixonou e casou com E235. Ele não é um cara rico, tem uma vida bem modesta.

Eles me apresentam sua simpática e atraente filha-robô, criada a partir de um algoritmo baseado nos traços físicos e morais dos pais. Ela parece ter a minha idade.

— Amanhã posso ajudá-lo a encontrar mais pistas. Sou mais ágil do que meus pais, de outra geração – fala, sorrindo, enquanto vejo sua silhueta esguia, debruçando-se à janela. A noite não estava escura o bastante para esconder o que havia lá fora, um monte de ferro-velho, reluzente sob a luz esbranquiçada da lua. – Até amanhã! Tente dormir.

O casal me dá boa noite, entra no quarto e a porta entreaberta deixa ver os dois se despirem, fazerem carícias e sexo.

Fui acomodado em um compartimento pequeno, todo branco. Tinha um pufe ocupando todo o espaço e um pequeno disco no teto, com uma luz azul piscando.

Ao som de uma música[28], antes que eu tenha tempo para me espantar, sou convidado por uma linda moça, na verdade um holograma[29] sensual, a relaxar do dia difícil. Ela me oferece diversos produtos de publicidade personalizada, com meu nome. Inclusive sexo. A inteligência artificial entra até nesse aspecto, já que tem acesso por completo à nossa vida. Todos os nossos gostos, tudo o que fazemos é registrado por seus sensores e algoritmos. A tecnologia é capaz de prever o que eu quero ou preciso, mais do que eu mesmo. É só clicar. Mas estou muito cansado, até para responder ao erótico convite.

Fecho os olhos e pego logo no sono.

Acordo assustado com o barulho de uma porta sendo arrombada. Dois homens que se intitulam policiais entram. Um deles segura meu pescoço e me esgana.

– Solte-o! – grita E235.

É do que me lembro, antes de apagar e perder a consciência.

Desperto dentro de uma espécie de *drone* gigante, junto com outros presos, acusados, como eu, de subversão contra o regime. Mal consigo respirar de medo.

E235 está ao meu lado. Vejo seu rosto muito próximo, pálido e abatido.

– Disseram que minha esposa, F403, será inutilizada, desligada. Suas peças serão reaproveitadas. Quanto a nós dois, teremos outro destino, na prisão-hospital para onde nos levam.

---

28. *Meu bem querer*, de Djavan, com Seu Jorge, Black Alien, BiD e Fernando Nunes.

29. A Imagem em 3D obtida a partir da projeção da luz sobre figuras bidimensionais, que resulta em "miragem" bastante realista.

– Mas por quê? – digo, com voz trêmula.

– É, amigo, acham que você integra a resistência contra o regime político, assim como nós. Lutamos contra essa tal Imortalidade, acessível só aos mais ricos. Os pobres são relegados. E descobrimos que aqui é proibido buscar a cura para o vírus *Alienatio*. Ele nunca foi eliminado. Fomos vigiados pelo regime, que não quer o tratamento para a doença. Interessa manter as pessoas doentes, ignorando o fato. Ainda bem que não prenderam também minha filha – diz, chorando, E235.

Na prisão-hospital, onde tudo é branco, somos colocados em equipamentos que escaneiam nosso corpo inteiro, observados por seres, não sei se humanos ou robôs humanoides criados em laboratório, também de roupas brancas. Passamos por um interrogatório virtual. Entram em nossas mentes em uma conexão, para nos deixar malucos. Os mais horríveis monstros e dores povoam nosso cérebro.

Sou tomado pelo pânico, o coração dispara, enjoo e desmaio. A voz da máquina informa o aumento da minha pressão, enquanto estabiliza todos os meus sinais. Quando me recupero, tento me acalmar, pensando que ainda estou vivo, afinal um morto não enjoa.

Falam sobre a qualidade do meu corpo e dos meus órgãos: coração, rim, fígado, não consigo ouvir mais nada.

Olho ao lado, E235 já havia sido operado, suas memórias apagadas. Seu corpo agora pertence a alguém da elite, alguém cuja idade avançada não lhe permitia mais o vigor da juventude e de quem foi transportada a consciência, seus "dados mentais". Essa pessoa passava agora a existir no corpo de E235.

    Nossa, achei que a vida real já era caótica e sinistra. Não imaginei que o futuro poderia ser pior, com os órgãos, sangue ou até o corpo inteiro, de pessoas mais saudáveis e pobres, transplantados para a elite rica. Ou também cérebros humanos vivendo em corpos cibernéticos, robóticos.

    Fico desolado, perdi um amigo. Quero fugir, mas não consigo me mexer. O que teriam me aplicado? Ou seria o maldito pânico e a tristeza que me imobilizavam?

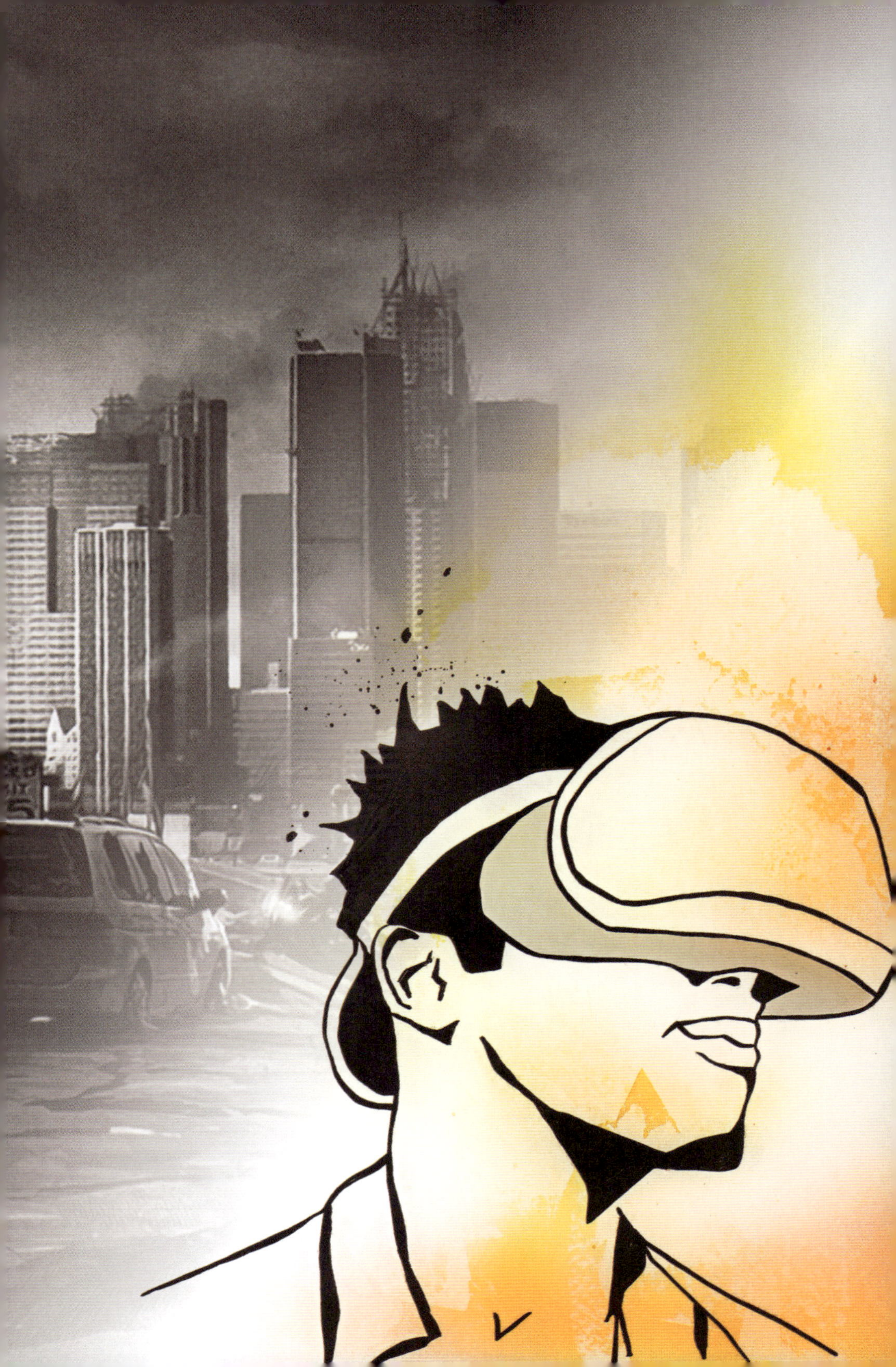

VI) UMA RELAÇÃO DE OUTRO MUNDO

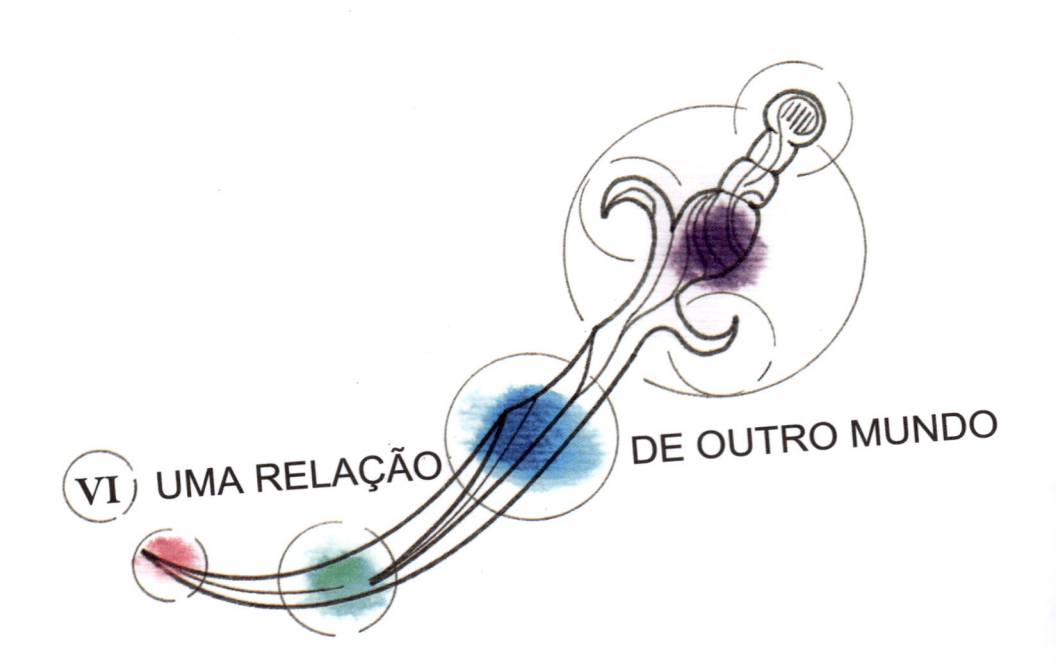

LÚCIA TEIXEIRA

> *Acreditamos saber que existe uma saída, mas não sabemos onde está. Não havendo ninguém do lado de fora que nos possa indicá-la, devemos procurá-la por nós mesmos. O que o labirinto ensina não é onde está a saída, mas quais são os caminhos que não levam a lugar nenhum.*
>
> *Norberto Bobbio*

Continuo imóvel, na prisão-hospital. Sem Ana e sem ninguém.

Esses caras humanoides preparam algo para me aplicar, em uma bancada mais afastada das demais. Não parece ser coisa boa. Aproveitando-se disso, um homem mais velho aparece debaixo da minha maca e aperta com força minha mão. Seu toque parece ter poderes, pois me liberta da máquina do hospital e da sedação.

– Corra! – esbraveja o velho. – Por acaso você está enfeitiçado para ficar aqui imóvel? Existe apenas o agora. Faça isso já!

Ele carrega uma espada *laser*, com a qual afasta os ciborgues que se postam no nosso caminho.

– E os outros presos? – pergunto. – Não vai libertá-los?

Nesse momento, o homem retira da boca um *microchip*, espeta numa entrada de dados e espalha um vírus no sistema da prisão-hospital. Isso corrompe os dados eletrônicos dos guardas cibernéticos e as amarras dos prisioneiros, soltando-os. Começamos a correr no corredor longo e escuro. Outros presos saem de várias partes do corredor, à medida que avançamos.

Só paramos ao chegar a um labirinto escuro, bem longe. Estamos exaustos e ofegantes e ele me diz:

– Sou conhecido como Ancião. Meus dias aqui chegaram ao fim, em breve morrerei. Tome essa espada! Não a deixe cair em mãos erradas. Você será seu Guardião. Saberá como agir, quando chegar o momento.

– Mas por que eu? Não sei lutar nem empunhar isso, não sirvo para ser guardião, há pessoas mais preparadas – falo, olhando esperançoso para os presos ao meu lado.

– Sobreviva! É uma ordem! – diz, perdendo o fôlego. – Nada é o que parece! Essa arma pertence a um dos quatro cavaleiros do Apocalipse. Sem ela, o cavaleiro não conseguirá incitar guerras e matanças entre homens e povos. Precisamos de paz na Terra, você só irá guardá-la – explica. – A humanidade sempre arrumou razões para lutar e para vender mais armamentos – lamenta.

– Quem são esses caras, esses quatro cavaleiros? – questiono, incrédulo. – Essa história é tão maluca que até eu quero ouvi-la, mesmo achando que o assunto nada tem a ver comigo.

– Eram conhecidos como Morte, Guerra, Fome e Peste. Mas têm outros apelidos, muitos seguidores, inclusive mutantes, e usam o terror e a violência – explica.

– Esses cavaleiros, Morte, Guerra, Fome e Peste, são da era medieval! Ainda sobrevivem e fazem estragos? – digo.

– O mundo onde você vive está em transição, esses malfeitores querem continuar reinando. Incentivam o ódio e o conflito entre as pessoas e os países para aumentar e vender equipamentos bélicos. Você pode impedi-los, para que um mundo novo surja. *Voth aan joor-zah-frul rein* – completa, cantando uma música, com palavras que não entendo.[30]

30. Música *VoKul Fen Mah* – Malukah.

– Só eu? – pergunto, sacudindo a cabeça. – Tem que ter mais gente comigo nessa missão. Já me deram outras tarefas, escale esses outros ao meu lado. Preciso voltar para meu mundo e encontrar a cura para a epidemia na minha cidade.

– Lucas, essa tarefa é sua, só você pode chamar outros para acompanhá-lo. Isso não é brincadeira, o cavaleiro Guerra vem atrás de nós e de sua espada – fala, com semblante sério e cansado. – E mais uma coisa, desgraça pouca é bobagem. O cavaleiro Morte, aliado de Guerra, para desestabilizar você, quer separá-lo de sua amiga Ana. Morte, acompanhado por Hades, deus do mundo subterrâneo, levou a alma de Ana prisioneira para o reino dos mortos, onde só impera a tristeza. Ana é só uma isca. Ao neutralizar sua amiga, eles querem capturar você.

– Por que tanta maldade? Nós nada fizemos – digo, entre os dentes.

– Tiranos têm cúmplices. Quando os maus se reúnem, há uma conspiração e não uma sociedade – declara uma das jovens da Resistência, interessada no papo. – Li isso[31] e não esqueci. A melhor forma de resistir à maldade e à opressão é não recorrer à violência. Basta se recusar a consentir com sua própria escravidão.

– Essa moça seria uma boa, aliás, uma ótima guardiã. O senhor concorda? – pergunto, lançando meu olhar convincente para o Ancião.

---

31. *Discurso da Servidão Voluntária*, de Étienne de la Boétie.

Mas ele não responde. Só consegue deixar comigo a espada, seu último suspiro e morre. Ao erguê-la, vejo séculos de lutas da humanidade e não consigo segurar tanto peso.

Estou perdido neste labirinto, junto aos outros recém-libertados, e encarregado dessa espada, que devo aprender a segurar e guardar. Não há uma porta, mas estou dentro desse emaranhado labirinto, que parece abarcar o universo. Não sei como sair daqui. Apenas aprendi que alguns caminhos não levam a lugar algum.

Às vezes, acreditar não depende de algo que vemos. E eu acredito naquele ancião e naqueles jovens. Não sei aonde vai me levar essa crença. Mas eu não posso desperdiçá-la.

Estamos livres, o que nos torna responsáveis por nossas escolhas. E também ansiosos, pois a liberdade traz isso também.

Procuramos por muito tempo a saída do imenso labirinto, vagando e por vezes nos trombando. A fome, o cansaço e a descrença começam a nos abater. Será que vamos acabar assim, definhar até o fim de nossos dias, sem que ninguém saiba nosso paradeiro?

Estou quase sem esperanças, depois de tanto caminhar. Até que uma luz azul aparece no fim de uma parte do labirinto. Corro, acreditando ter achado finalmente a saída. Ao final das estreitas paredes, sinto um misto de decepção, surpresa, medo e êxtase. Uma figura estranha, com bonito corpo feminino e pele azul, aparece não sei de onde, na minha frente. Seria uma alucinação? Ela se apresenta.

— Olá, Lucas! Sou Hadassa, vivo em um planeta da Constelação do Centauro, a 4,2 anos-luz de distância – diz.

Hadassa! Que isso! Essa não... Será que estou tendo visões? Como ela sabe de mim? Algum tipo de sensibilidade, empatia, telepatia, sei lá!

— Isso mesmo, telepatia e leitura de mentes – replicou ela.

Olho para o lado, mas nenhum dos meus companheiros parece estar enxergando a visitante azul, que continua:

— No passado remoto, no meu planeta, uma chuva de materiais[32] deu origem à formação do nosso sistema. Meu planeta tem água, assim como o seu. Só que aqui vocês não cuidam de seus preciosos bens – explica a sensual e estranha extraterrestre.

— Que interessante. Tem água? – descubro, surpreso, disfarçando para escapar da extraterrestre.

— Essa é uma das substâncias mais importantes do Universo, presente desde as luas geladas de Júpiter até as nuvens de gás interestelar, a milhares de anos-luz daqui.

— Essa eu não sabia – falo. – E o que você faz aqui?

— Sou jovem, tenho cento e cinquenta anos, minha espécie vive mais de mil anos. Podemos nos reproduzir com outras raças, buscamos uma boa convivência com todas. Temos observado e estudado os humanos e o seu planeta. Queremos que evoluam para que possam integrar a comunidade galáctica. Mas alguns

---

32. Amônia (NH_3), água (H_2O), metano (CH_4) e outros compostos orgânicos que deram origem a uma química prebiótica.

governantes de seu mundo ainda estão bem atrasados, falam em guerras e destruição – diz, balançando a cabeça, e seus olhos se abrem mais.

– E você pode nos ajudar a sair daqui? Como soube de nós? – pergunto, mais animado.

– Queremos uma aliança cósmica. A Terra não pode ser destruída. Seu país, o Brasil, tem papel importante, possui treze por cento da água doce do seu mundo, vinte e dois por cento das terras cultiváveis do seu planeta. A geração de energia por meio da luz e calor do Sol e da força dos ventos é facilitada, além de outros recursos – responde.

– É mesmo, muitas riquezas, e eu aqui, preso!

– Fazemos viagens mais rápidas que a luz em nossas naves. Queremos a cooperação, a paz e não o conflito. Preciso revelar outra coisa. Estava interessada também na reprodução com terrestres e talvez você possa me ajudar nisso; havia escolhido você. Na minha espécie a reprodução acontece através de conexão mental e emocional.

– *Como assim??* Bem, Hadassa, estou *bem* atrapalhado. Como você pode ver, não é um bom momento para isso. Tenho muita coisa sob minha responsabilidade agora. Nem sei por onde começar. Preciso libertar uma amiga, salvar outros e encontrar o caminho de casa – falo, saindo pela tangente.

– É, percebi – concorda ela, finalmente, sem muita convicção. – Então vou ajudá-lo, para que cumpra sua missão, mas não vou desistir também de meus outros objetivos.

— Sei — digo, sem jeito.

— Deixe-me prevenir você. Para você salvar seus amigos e chegar vivo de volta à sua casa, ao seu destino, deverá superar *três desafios*. É o que consigo ver.

— Hadassa, mais desafios! Não vou conseguir, estou esgotado com tanta pressão — suplico, com a voz embargada.

Meus companheiros me encaram, atônitos, como se eu estivesse falando sozinho. Apenas eu enxergo a extraterrestre e com ela estabeleço comunicação.

Ignorando minhas súplicas, Hadassa continua a me instruir.

— Primeiro desafio, *descobrir a entrada para densa floresta, onde animais, pessoas e a natureza estão morrendo, e de lá sair vivo. Se ficar atento, encontrará ajuda para atravessar um portal de entrada para o submundo.* Segundo: *deverá sobreviver neste mundo subterrâneo, sem se desesperar. Enquanto lá estiver, nada comer nem beber. Concentrar-se e dominar a mente, para não enlouquecer e sair a tempo, caso contrário a passagem se fecha e naquele lugar você permanecerá para sempre.* Terceiro, sem se abater, *passar por mundos infernais e chegar até a zona mais profunda das trevas*, o Tártaro[33]. Ana lá se encontra, presa por malfeitores em pesadelos sem fim. Ela morre todos os dias nos sonhos e renasce em pequeno intervalo de tempo da manhã. Se não conseguir tirá-la de lá, poderá ter o mesmo destino.

---

33. Na mitologia grega, Tártaro é a região mais abissal e trevosa do mundo subterrâneo, onde os tormentos são os mais violentos e cruéis.

— Você vai nos ajudar a fugir daqui e chegar lá? – pergunto, suplicando.

— Posso tirá-los daqui, mas o resto é com vocês.

Assim dizendo, ela nos move, com o poder de sua mente, e deixa flutuando no ar todos os humanos e os robôs que ousam impedir a nossa fuga.

— Vocês chamam isso de telecinese – diz, retirando-nos dali.

O pessoal da resistência comemora a nossa fuga. Eu só pensava em tudo o que teria pela frente, quando Hadassa se despede de mim e parte em sua nave.

Do lado de fora do labirinto, um gavião-real e gaivotas nos esperam.

— Vamos depressa antes que venham atrás de nós – fala o gavião, para um Lucas abismado.

— Você é um animal de verdade? E o pessoal da Resistência, irá como? – pergunto, preocupado.

— Eles serão levados pelas gaivotas para outro esconderijo, onde a resistência os aguarda. Assim, despistaremos os guardas – explica o animal, fazendo-me tocá-lo, para provar que não é um robô. – Prepare-se, não temos mais tempo. Vamos subir em espiral e depois sobrevoar um extenso precipício.

Somos perseguidos por guardas androides, em naves tubo de quase vácuo, puxadas for força magnética. Seus *lasers* potentes alteram a rota de qualquer corpo no caminho da astronave.

— Estamos perdidos, seremos capturados – murmuro, tremendo, montado no pássaro.

— Coloque esta capa de invisibilidade. Eles estão atrás de você, não de mim. Se não o enxergarem, pensarão que caiu nas profundezas desse insondável abismo e logo desistirão – aconselha a ave.

— Magia parecida com a de Harry Potter? – pergunto, incrédulo e assustado.

— Nada disso. Ondas eletromagnéticas, metamateriais, nanotecnologia – ensina o gavião-real.

Não consigo entender bem, mas funciona.

Um bicho que fala, ameaçado de extinção, vem não sei de onde, e ainda entende de Física, penso.

Desse modo, o gavião-real, com sua visão panorâmica, mapeia inimigos, ultrapassa uma fenda do espaço-tempo e me transporta até a floresta, local do meu primeiro desafio.

Antes de alçar voo, o gavião-real lembra novamente minha missão.

— Não há muito tempo. Você precisa resgatar Ana, prisioneira no mundo subterrâneo.

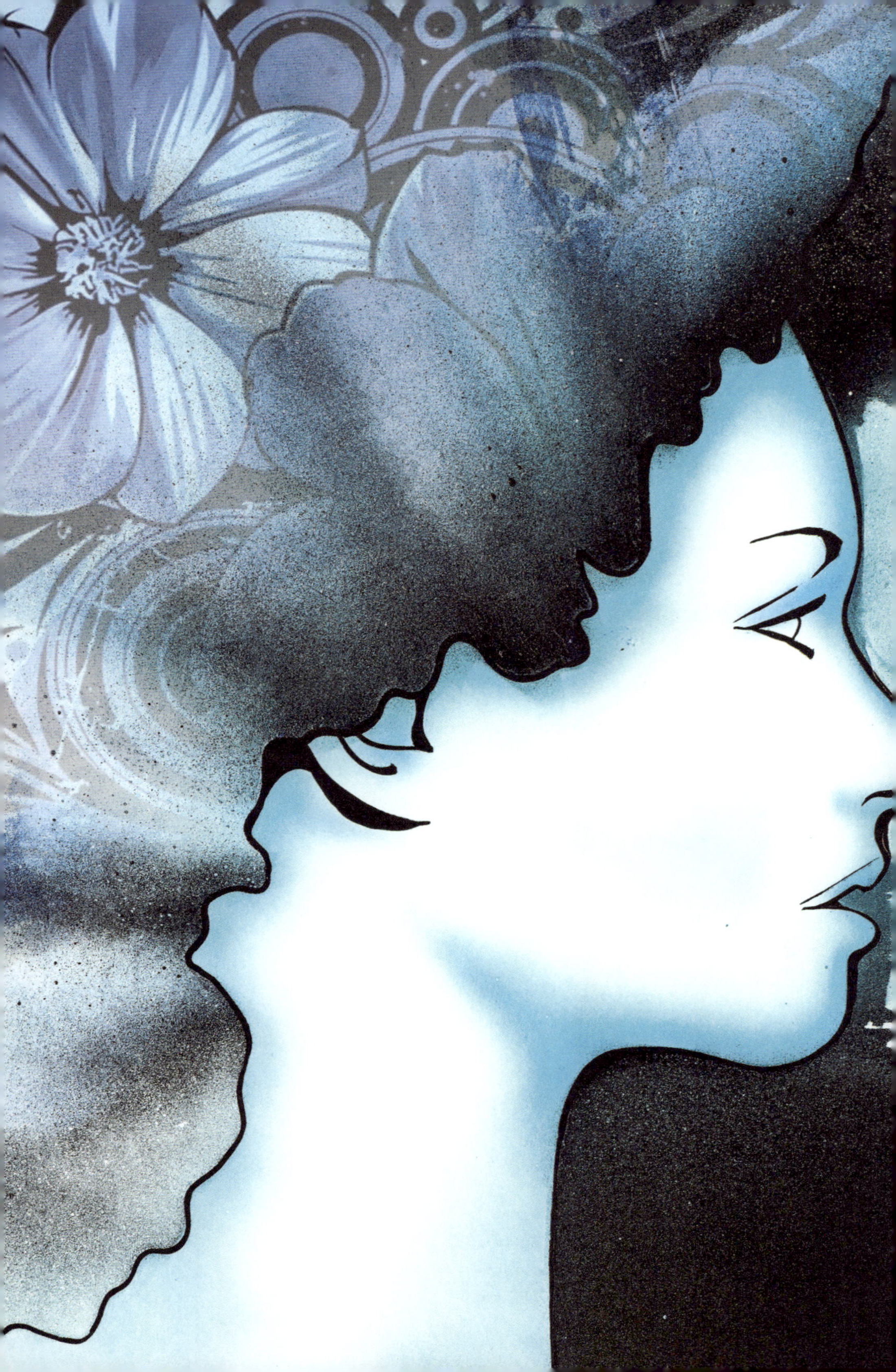

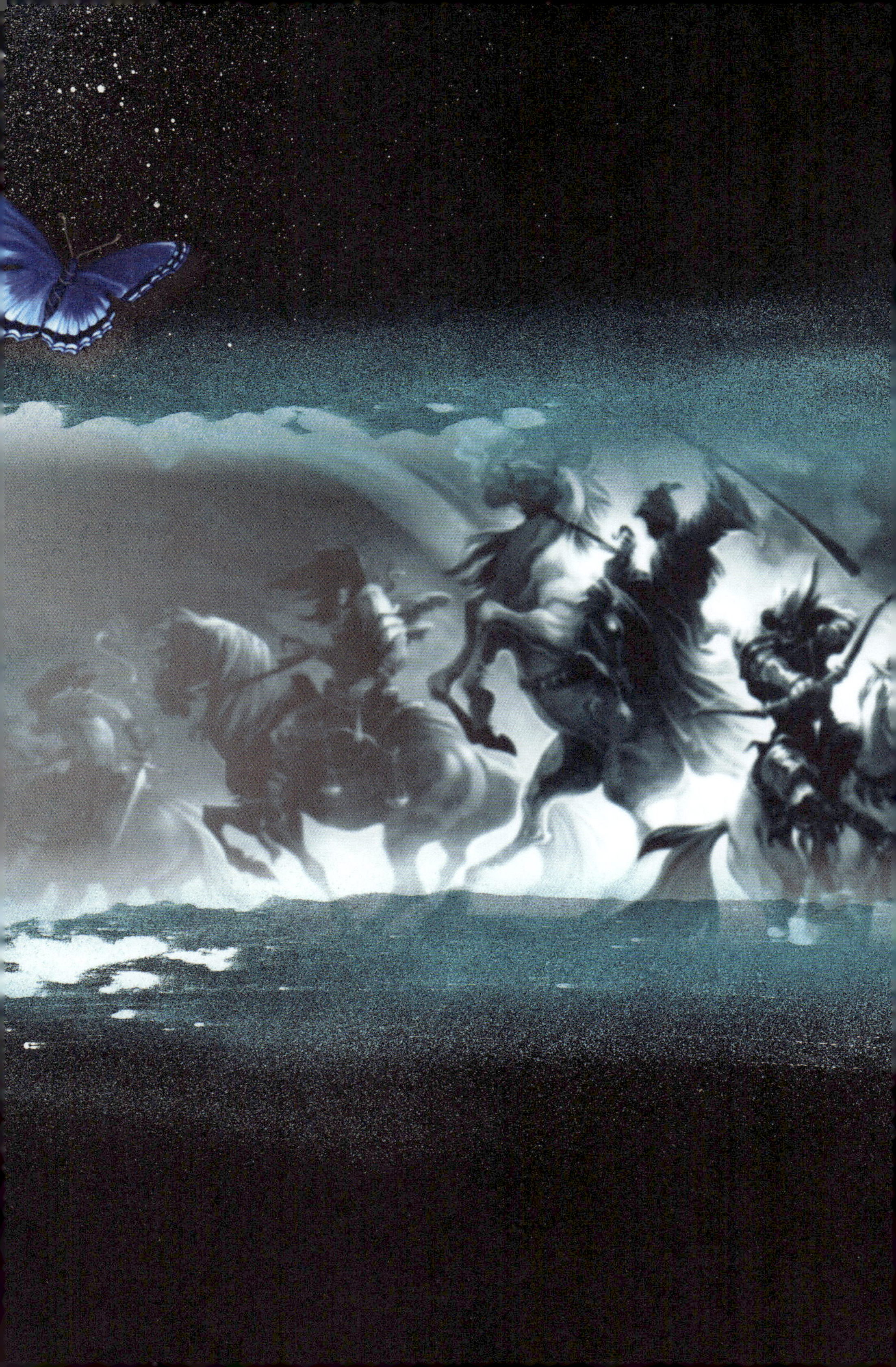

PRIMEIRO DESAFIO

A diferença entre a verdade e a ficção é que a ficção faz mais sentido.

Mark Twain

O gavião-real me transporta para uma floresta do Brasil. Volto no espaço-tempo e passo a coexistir em uma realidade alternativa.

Aqui eu devo encarar meu primeiro desafio e encontrar o portal de acesso ao submundo para resgatar Ana.

Do alto, avisto na mata duas crianças. Já no chão e com o gavião-real longe dali, vivo um momento de hesitação, sem ter certeza de que conseguirei seguir em frente.

As crianças não parecem me ver nem saber uma da existência da outra, cada qual entretida com suas próprias brincadeiras. Estão distantes e se divertem como podem – restos de vegetação, frutos e insetos do chão. Uma delas canta:

Seus olhos, meu clarão, me guiam dentro da escuridão. Seus pés me abrem o caminho, eu sigo e nunca me sinto só.[34]

Eu me aproximo, para pedir informações.

De repente, o fogo toma conta da selva, animais correm e espalham a notícia com seus sons estridentes. Mais um incêndio provocado por queimadas e espalhado pelos ventos.

– Socorro! – gritam as duas crianças, tão apavoradas como eu.

Seus gritos infantis se encontram e as aproximam, vencendo os medos.

– Quem está aí? – fala o menino.

– Karina.

– Eu sou Guilherme.

– E eu, Lucas.

Discutimos rapidamente o que fazer, diante daquele ameaçador incêndio. Guilherme explica que é um garoto com deficiência visual. Karina diz que isso não é problema algum. Ela não tem uma perna.

– Vou guiá-lo, Guilherme – fala Karina. – Serei seus olhos e você me emprestará suas pernas e sentidos.

A menina pula com agilidade, treinada que é na arte da capoeira, sobre os ombros de Guilherme.

---

34. *Velha infância*, música dos Tribalistas.

Sigo atrás deles. Seriam eles as pessoas que me ajudariam a encontrar o portal, conforme as palavras de Hadassa? Duas crianças?

Parecia já ter ouvido antes essa história, mas agora sou parte dela.

Da altura, amparada pelas pernas de Guilherme, sua nova amiga Karina enxerga caminhos abertos além da fumaça e ele se localiza e se orienta pelos sons.

Andamos bastante em um cenário cada vez mais desolador. Animais e humanos vagam em uma paisagem de cinzas, tentando sobreviver a outros incêndios e bolas de fogo que se aproximam.

Com a floresta quase toda destruída pelas queimadas, finalmente alcançamos uma clareira.

— Estou atrás de uma amiga que foi levada para o subterrâneo da terra. Sei que parece estranho, mas vocês têm ideia como posso chegar a esse lugar? Já ouviram algo sobre um portal? – pergunto para as duas crianças.

— Ouvimos, sim – responde Guilherme.

— Que dica podem me dar, o que devo fazer?

— Você vai entrar em uma nova dimensão, além da imaginação. Pegue esse pedaço de pão e água para a travessia. Não vai ser fácil. Vamos chamar uma abelha-robô para guiá-lo até a entrada do reino dos mortos – adverte Karina.

— Espera aí, abelha-robô? Que estranho! Como assim?

— Não brinca! Você não escuta as notícias? Vive em que mundo? – diz Guilherme, rindo.

— Vivo em outro mundo — e começo a explicar aos dois tudo o que aconteceu.

Só então as crianças entendem a minha surpresa, dizendo gentilmente:

— As abelhas sumiram, foram extintas, morreram devido a agrotóxicos e poluição. Abelhas, pássaros, borboletas, besouros, morcegos ajudam as plantas a se reproduzir e a gerar nossos alimentos. Se as abelhas não existem mais, robôs foram criados para essa função.

— Nossa, se esse robô puder me ajudar, então está bom — respondo.

— Antes de sua entrada no reino dos mortos, aproveite o caminho para ver estrelas. Respire. Isso pode tranquilizar e inspirar sua mente, dando forças para a travessia. Você vai precisar. O submundo é apavorante — diz a menina.

— Eu sou cego, mas sei de coisas que a maioria das pessoas não vê — fala o menino. — Ninguém sabe até quando as pessoas poderão enxergar a luz das estrelas.[35]

Agradeço às crianças e sigo meu caminho, sem me esquecer de olhar para o céu.

Atravesso assim a floresta, auxiliado pela abelha-robô. A fumaça das queimadas começa a atrapalhar a minha visão e fico com falta de ar. Não consigo respirar nem caminhar mais.

---

35. O direito à visão da luz das estrelas e dos objetos que existem no Universo está ameaçado pela degradação ambiental e poluição luminosa. *Declaração para a defesa do céu noturno e o direito à luz das estrelas* (Unesco e outros).

Pensando que vou morrer, caio, sem forças. À minha frente, surge um índio.

O que mais poderia acontecer agora?

Ele se apresenta como o pajé e curandeiro de uma tribo:

– Meu trabalho é enfrentar a "epidemia-fumaça", a *xawara* produzida pela ganância dos homens brancos, que destrói a floresta. Não respeitam a mãe Terra[36].

O xamã faz um ritual de saúde, embalado por canções indígenas. Ao terminar, adverte:

– Você vai enfrentar a morte. Agarre-se à árvore da vida, a mais alta da floresta.

Ainda atordoado, tento recuperar a respiração. Quando abro os olhos, o indígena já havia sumido. Não deu nem tempo de agradecer.

Levanto e prossigo em meu trajeto. Não é fácil chegar, mas, ainda guiado pela abelha-robô, avisto uma fonte azul, onde mato a minha sede. Ao lado, há uma grande e centenária árvore[37], imune ao fogo e às cinzas da floresta.

A abelha faz sinal, avisando que dali em diante seguirei sozinho.

Porém, sou logo impedido de continuar por duas feras: um leão e uma onça pintada, um jaguar. O leão abre logo sua enorme boca e solta rugido infernal. Parece estar faminto e eu posso ser a

---

36. Conheça os objetivos a serem alcançados até 2030 para o Desenvolvimento Sustentável. Agenda ONU 2030 (quadro no final do livro).

37. Sumaúma ou samaúma, árvore encontrada na Amazônia, sagrada para os habitantes das florestas. Conhecida como *árvore da vida* ou *escada do céu*.

sua refeição. Apesar de estar com a espada na mão, eu não quero nem sei usá-la.

Agarro-me à imensa árvore, escondendo-me e confundindo-me com ela, enquanto me recordo das palavras do pajé, para me segurar à árvore da vida. Lembro também de uma frase aprendida na escola: "aprendo a ser árvore enquanto iludo a morte, na folha tombada do tempo".[38]

Iludir a morte. Controlar as emoções. Sair vivo da floresta e entrar no mundo inferior. Concentro-me nesses pensamentos.

Imediatamente, ao abraçar a árvore, sou empurrado para seu interior. Um portal se abre, mostrando uma escada para o céu e outra para o submundo.

Cumpri o primeiro desafio. Atravessei a floresta e entrei em outro MUUUUUNDO. Penetro na escuridão sem-fim.

Ondas de gravidade se propagam e um atalho em outras dimensões me conduz para o reino dos mortos.

Os bichos que se aproximaram, o leão e o jaguar, são levados para destino diferente, em outro espaço-tempo.[39]

---

38. Poema *A árvore*, de Mia Couto.

39. Leão e jaguar, congelados no espaço-tempo, foram parar na década de 1940, em forma de estátuas, separados por poucos metros, nos jardins da praia de Santos, litoral do Estado de São Paulo. Até hoje, essas estátuas são atração para pessoas de todas as idades.

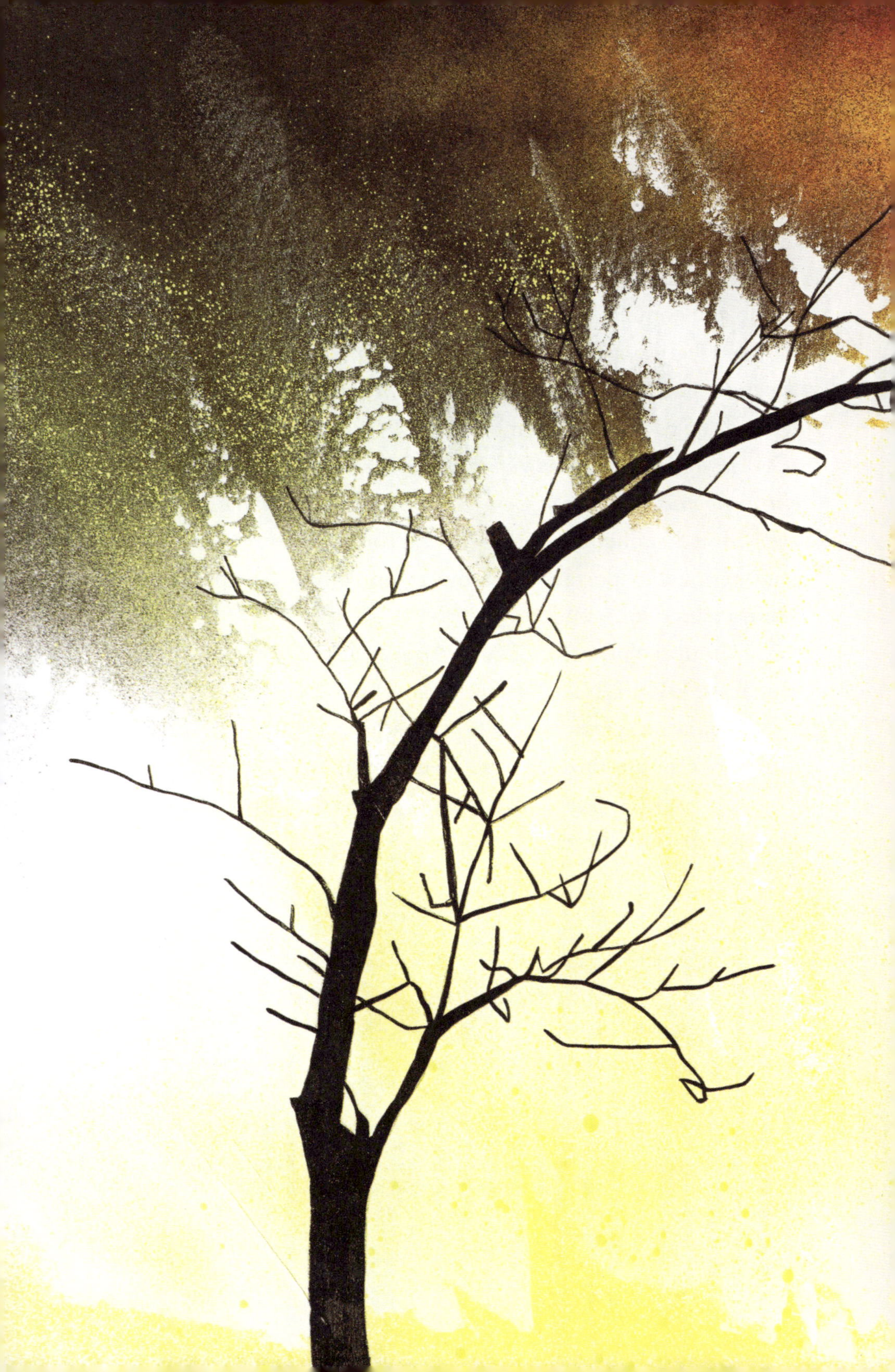

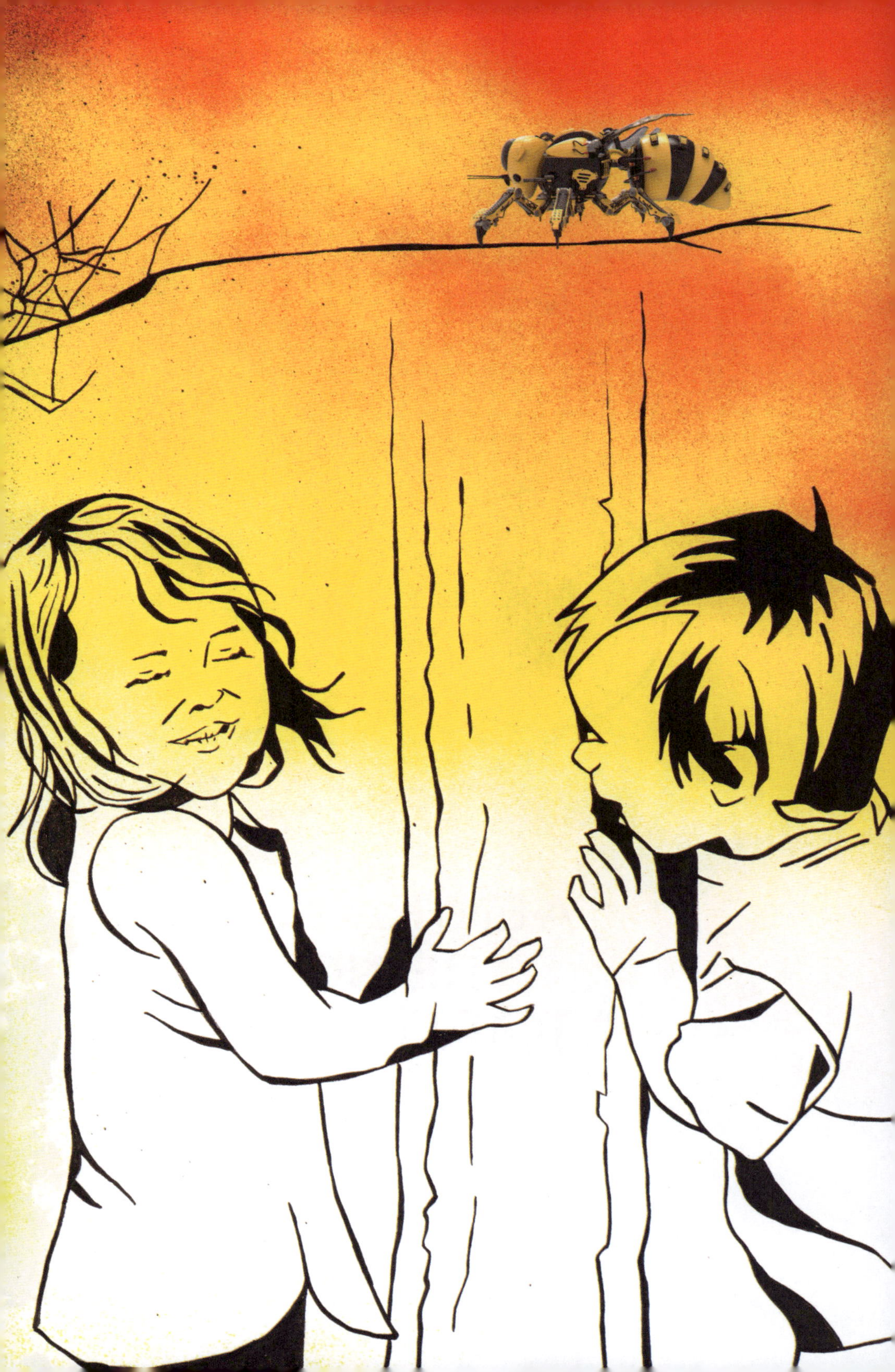

A ENTRADA DO REINO DOS MORTOS

LÚCIA TEIXEIRA

[1961

> *Não se curem além da conta. Gente curada demais é gente chata. Todo mundo tem um pouco de loucura. Vou lhes fazer um pedido: vivam a imaginação, pois ela é a nossa realidade mais profunda. Felizmente, eu nunca convivi com pessoas muito ajuizadas.*
>
> Nise da Silveira

Sinto-me impotente diante de tanto desafio a ser enfrentado. Se meus amigos Ana, João, Vítor e Camila soubessem o que estava passando, nem acreditariam.

– Lucas, legal, cara! Viajar no tempo, guardar essa espada maluca do Apocalipse para livrar o mundo de Guerra, encontrar Ana, salvá-la de Morte nas profundezas do inferno e ainda achar um antídoto para a doença dos jovens da cidade. Quer mais? O que mais pode acontecer?

Estou um pouco triste. Sozinho, lembro-me com saudade das risadas que dava com eles. As risadas, principalmente as de dentro da gente, quando acabam, deixam um vazio, uma tristeza, que já existia antes, lá.

Sozinho, não. O Senhor do Tempo está às vezes comigo, mas perde as coordenadas, some a toda hora e não sei se nele posso confiar. Os outros amigos que fiz não puderam me acompanhar, voltaram a seu próprio tempo ou planeta.

Antes que eu conclua meu pensamento, dou de cara com o outro portal. Ao entrar, pulo para um ponto diverso do espaço e do tempo, na colisão entre dois enormes buracos negros de galáxias espirais.

Entro em um abismo de inclinação infinita. As paredes do espaço-tempo constrangem o movimento em uma espiral cada vez mais afunilada. Será que haverá saída?

Sou arremessado na entrada do mundo subterrâneo, sem portas nem cadeados.

Meu segundo desafio é conseguir sobreviver, não me desesperar, não enlouquecer e sair a tempo.

Vejo aterradora inscrição, no alto de uma placa:

Deixai toda a esperança, vós que entrais.

Nossa, era a entrada do Inferno.[40]

Sinto medo e ouço gritos terríveis, suspiros e choros que ecoam pela escuridão sem estrelas. Mas devo continuar.[41]

A porta é guardada por Cérbero, um monstruoso cão de três cabeças.

Como eu posso afastar esse monstro? Lembro-me do pedaço de pão entregue pela menina Karina, quando eu estava na floresta. Procuro, desesperado, nos bolsos da minha calça.

Suspiro aliviado ao sentir que ainda está lá e o jogo para Cérbero.

Enquanto as três cabeças do monstro brigam entre si pelo pedaço de pão, penetro mais ainda no mundo subterrâneo.

Não tenho tempo nem de perguntar para alguém se lá dentro tem *wi-fi*.

---

40. O poeta italiano Dante Alighieri assim descreveu a entrada do Inferno, no longo poema *Divina Comédia*.

41. Música *In my blood*, Shawn Mendes.

Levo um soco, sem nem saber de quem e por que razão, e meio tonto, um pouco mais do que o meu normal, sou jogado dentro de um vagão de carga de trem, prisioneiro, ao lado de outras pessoas, esfarrapadas e famintas.

Pergunto a um homem ao meu lado aonde nos levarão.

– Coitado, esse não sabe nem onde está! Estamos no 'trem de doido', a caminho do Hospital Psiquiátrico Colônia de Barbacena[42]. O ano é 1961, garoto – informa.

Ao voltar no tempo, descubro que o inferno é aqui. Não precisa estar no subterrâneo, ele pode estar na mente e na realidade do nosso próprio mundo.

Minha descida aos subterrâneos me leva a esse submundo. Esse manicômio realmente existiu e lá milhares morreram de frio, fome, tortura e doenças que poderiam ter sido curadas. A maioria não era doente mental.

Pergunto a história e a origem de cada um e descubro estar entre os banidos da sociedade, de diversas partes do Brasil.

– Os que incomodaram algum figurão, os abandonados pela família, mães solteiras, alcoólatras, mendigos, homossexuais, militantes políticos, pessoas sem documentos e todos os tipos de indesejados, inclusive, doentes mentais – completa o homem.

No trem, eu tenho a impressão de estar indo para um campo de concentração nazista, igual aos filmes da Segunda Guerra.

---

42. Conhecido como Holocausto brasileiro, nesse Hospital Psiquiátrico morreram cerca de sessenta mil pessoas. 70% dos que foram lá internados não tinham doença mental. Foi comparado com campos de concentração nazistas, cujos prisioneiros também eram conduzidos de trem.

Chegamos ao hospício.

Agora eu estava trancafiado como louco!

O frio é intenso. As pessoas internadas estão nuas e descalças em um pátio aberto. A menina que desembarca comigo tosse muito e peço a um guarda para levá-la à enfermaria.

– Aqui não há remédios, nem enfermeiros, só guardas – responde secamente.

É dada a sirene para a refeição. Os internos avançam para comer. A comida não é suficiente para todos. Eu tenho fome e sede, mas devo resistir, *nada comer nem beber*. Neste mundo inferior meu desafio é bem difícil: *dominar a mente, para não enlouquecer, e fugir a tempo*. Caso contrário, a passagem se fecha e aqui permaneço para sempre, doido e esquecido do mundo.

Tomo um tempo para me acalmar.

Respiro fundo e começo a exercitar minha resistência diante do que estou vendo, para passar à ação, sair dali e procurar libertar quem eu puder. Dentro da minha cabeça, canto para me animar.

Eu vejo a vida melhor no futuro, eu vejo isso por cima de um muro de hipocrisia que insiste em nos rodear.[43]

O cenário é de deixar qualquer um insano. Alguns internos se alimentam de fezes no chão e bebem a água do esgoto que corta os pavilhões, em valetas a céu aberto.

Reclamo com o guarda responsável sobre esse tratamento desumano e ele me leva a uma sala onde me aplicarão eletrochoques.

---

43. A Música *Tempos Modernos* (extended mix), de Lulu Santos, cantada por ele e Make U Sweat.

— É só para ficar mais calminho — avisam, com um sorriso irônico.

— Ei, eu não sou louco, vim de outro tempo. Não façam isso. Estou só de passagem para encontrar e salvar uma amiga, perdida no mundo subterrâneo.

— Hahaha! É o que todos dizem! Você está louco e criou esses universos alternativos em sua cabeça — respondem, enquanto me amarram com raiva e brutalidade em uma maca.

Recebo choques fortes, através de placas colocadas na minha cabeça. Tudo sem anestesia. Meus olhos reviram, acho que tenho convulsões, começo a gritar e depois apago.

Meu Deus, onde estou, quem sou eu? Não me lembro. Acordo completamente desorientado e sem memória.

Atordoado, sou levado para um grande salão, o dormitório, já repleto de pessoas. A cama é o chão frio de cimento, com capim seco espalhado em cima. Um leito único para todos, devido à falta de espaço e de camas. Em nossa companhia, ratos, insetos e sujeira.

— Por que vim parar aqui?

Um companheiro tenta me acalmar, sem conseguir esclarecer o motivo.

— É hora de dormir. Por causa do frio e da falta de roupas e cobertores, dormimos uns em cima dos outros. Logo você ficará mais quente e tranquilo.

Cansado, pego no sono.

Ao acordar, vejo retirarem alguns cadáveres, entre os que lá estavam. Mais horrorizado fico a cada minuto neste local, ao lado daqueles condenados ao sofrimento, às trevas, entre monstros e demônios.

Uma moça, Tereza, murmura:

– Estou aqui desde meus dez anos. Já vi muita coisa desde que minha família me abandonou. Neste lugar o tempo não passa, daqui não se escapa, somos internados para morrer. A maioria aqui não é doente mental, moço, somos os indesejáveis, os invisíveis da multidão.

Tenho que sair rapidamente, enquanto há tempo.

A garota doente ao meu lado repete em voz alta essa mesma frase de meu pensamento e me traz uma esperança:

– Tem um interno que entende de Física e está construindo uma máquina do tempo. Ele trabalha sozinho, esquecido em um depósito de ferro-velho do hospital. Os guardas acham que é doideira dele e o deixam ficar no meio daquele lixo. Aliás, para eles todos nós somos lixo.

Andando a esmo, de forma desencontrada e falando sozinhos para disfarçar, perante os guardas, a nossa lucidez, fomos encontrar esse interno. O local é escuro e bem bagunçado. Vemos um lampião e a minha espada, lá escondida pelos guardas.

– É sua – fala Tereza, devolvendo-me a arma, ao mesmo tempo que me apresenta o paciente.

Descubro tratar-se de um matemático e físico, isolado por ser autista. Tem um olhar lúcido, triste e digno, mesmo escondido e injustiçado naquele lugar horrível.

Ele diz ter finalizado os mecanismos de um equipamento, segundo ele, uma "máquina de sonho".

— Um átomo pode existir em dois estados, ocupando inclusive dois lugares diferentes ao mesmo tempo. Mais do que isso, duas partículas podem se entrelaçar – explica. – Processando múltiplos problemas ao mesmo tempo, vou conseguir levá-los a universos simultâneos.

Louco ou gênio, ele consegue. Eu e minha nova amiga, Tereza, passamos a existir em outro lugar, levando conosco a espada e o lampião.

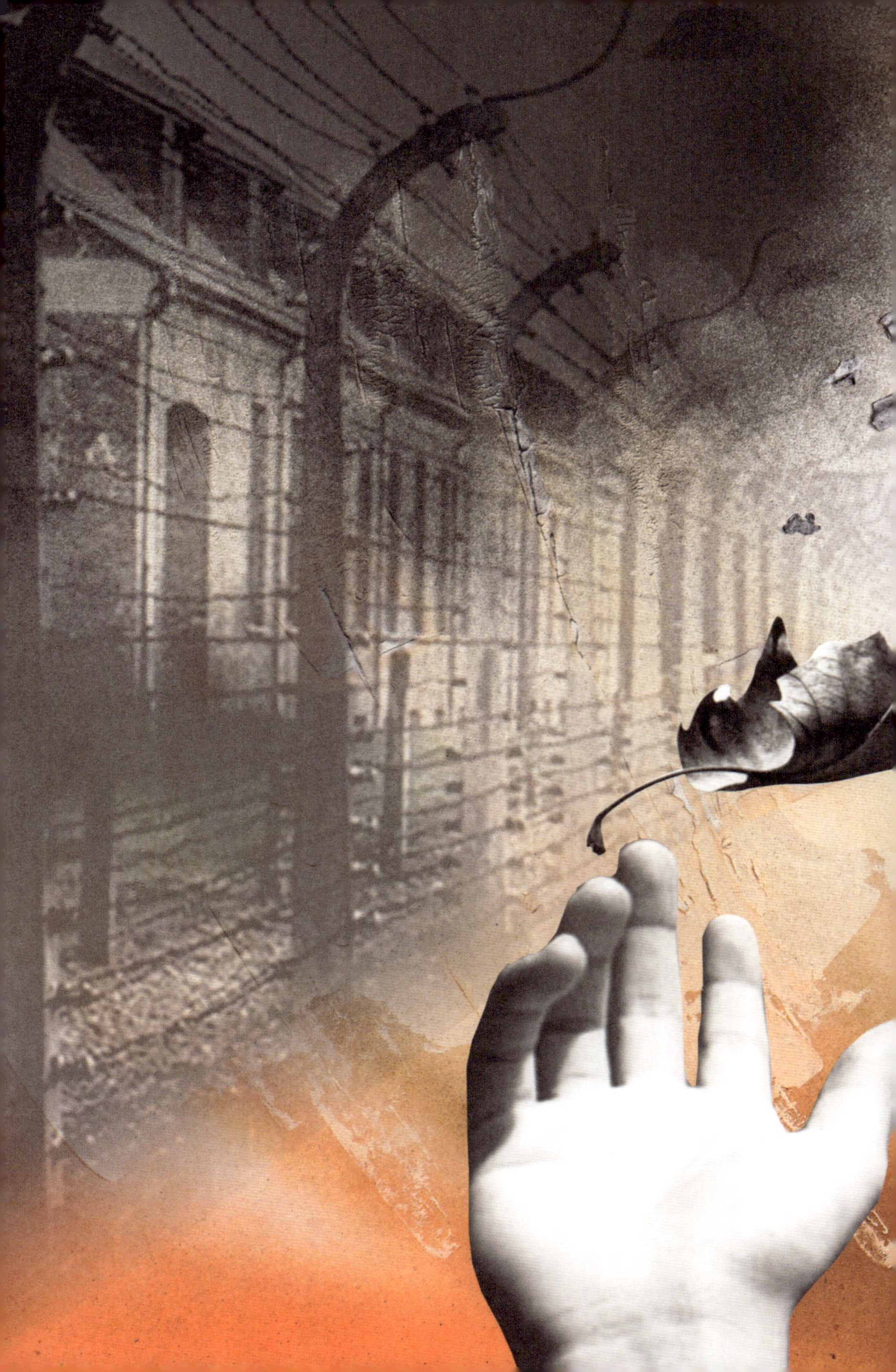

...XAI TODA A ESPERANÇA, VÓS QUE ENTRAIS

IX
Zumbis

[94]   LÚCIA TEIXEIRA

O sonho é que leva a gente para a frente.
Se a gente for seguir a razão, fica aquietado, acomodado.

Ariano Suassuna

Com minha memória recuperada, eu e Tereza somos levados, naquela máquina, ainda mais fundo no mundo das sombras. Eu carrego a espada e a luz para nos iluminar. Fugimos do hospício e fomos atrás de Ana em um mundo mais inferior ainda.

Enxergamos rios infernais, guardados por outros monstros ferozes. O som das águas e o eco que produziam naquele lugar horroroso gritavam em nossos ouvidos:

– Fujam, ou vocês morrerão!

Mas não desistimos, simulamos estar mortos, pois nenhum ser vivo consegue ficar no submundo.

Colocamos, embaixo da língua, uma moeda cada um, como pagamento pela travessia.

Fingindo estar desfalecidos, conseguimos enganar o barqueiro de Hades, Caronte, cujo rosto macabro e sombrio é escondido por uma máscara de bronze.

Atravessamos as trevas e a escuridão, enxergando muito sofrimento. Zumbis. Comecei a me sentir como um deles. Para não fraquejar nem parar, imaginei estar em um lugar diferente, com um céu muito azul.

The light is fading now. My soul is running on a puff... I can hear the birds. I can see they fly. I can see the sky.[44]

---

44. A luz está desaparecendo agora. Minha alma está sendo executada em um sopro... Eu posso ouvir os pássaros, eu posso vê-los voar. Eu posso ver o céu. Música *Castle in the snow*, The Avener e Kadebostany.

Somos deixados na margem do rio pelo barqueiro que acredita estarmos mortos.

Alguém canta a música *Sign of the Times*[45], em um inglês perfeito.

– *Just stop your crying. It's a sign of the times. Apenas pare de chorar. É um sinal dos tempos. Bem-vindo ao show final. Você não pode subornar a porta em seu caminho para o céu* – cantarola o homem de mais ou menos trinta anos, trajando roupas maltrapilhas, com um semblante cansado, escondido pela barba e cabelos compridos.

– Quem é você? – pergunto.

– Renato. Minha família tinha uma boa situação, tipo assim, classe média. Nunca nada me faltou. Mas comecei a beber bastante... e depois me envolvi com drogas.

– Sua família sabe que você está aqui? – indago, interessado.

– Eles iam me internar em uma clínica de desintoxicação. Mas antes disso, tive uma overdose e morri, enterrado como indigente.

– VOCÊ ESTÁ MORTO?? – interrogo, surpreso.

– Sim. E aqui ajudo os que estão entre os dois mundos, os mortos-vivos desta Cracolândia – responde.

Enxergo na margem do rio um cachorro vira-lata igual ao meu, já morto. Ele me reconhece, late, pula muito e consegue saltar até onde estou. Ele sempre conseguia isso.

---

45. Música *Sign of the Times*, Coautoria de Harry Styles, Tyler Johnson, Alex Salibian, Ryan Nasci, Mitch Rowland e Jeff Bhasker.

— Puxa, pensei que ele estivesse no céu, não imaginava que tivesse ido parar no mundo subterrâneo... – digo.

— Mesmo aqui nesse inferno, alguns protetores, humanos ou animais, ficam junto aos esquecidos, invisíveis da sociedade. Os cachorros, por exemplo, em qualquer mundo, não abandonam quem perdeu tudo e nada tem para dar. Acompanham em qualquer caminho grotesco e de dor, nas ruas, nos becos, nos esgotos, os que são banidos, xingados e mal compreendidos. Já prestou atenção nisso? – explica.

O cão se preocupa em voltar para proteger a moça e nos apresentar a ela, que dorme embaixo de uma lona, naquela Cracolândia infernal. Mantida pelos traficantes praticamente em cárcere privado, a jovem de olhos esbulhados era obrigada a se prostituir e oferecer drogas. Ela conta:

— Não escolhi isso aqui, gente. Fui abusada na infância, fugi, passei a viver na rua, nos semáforos recolhia dinheiro. Me viciei, passei a me prostituir para pagar as drogas, tive um filho com quinze anos e perdi a sua guarda. Não estudei, sou analfabeta e moradora de rua. Eu ainda não estou morta, cara, vivo nesse limbo, do qual é difícil se libertar. Quem vive aqui nas trevas não é visto nem vê nada – fala, chorando.

— Qual é o seu nome? – pergunto.

— Meu nome de guerra é Maitê. É um nome lindo, né? Não combina com essa vida. Este cachorro é tudo o que tenho. A abstinência do *crack* e de outras drogas é terrível. Já tentei uma vez, sem ajuda de ninguém. Tive muitas dores, insônia... Mas vou lutar para "ficar limpa" e sair dessa vida. Com vocês me apoiando, vou conseguir. Estou machucada, levei uma facada, vocês me ajudam a me levantar?

Eu e Tereza carregamos Maitê. Queríamos sair de lá o quanto antes. E tentar, pelo menos, protegê-la das criaturas que habitavam o esgoto do submundo e se alimentavam do corpo, da alma e do medo de crianças e jovens.

No nosso caminho, muitos cadáveres jazem pelos cantos. Nesse mercado de drogas, os conflitos são resolvidos com violência, agravados pelo mercado de armas. Lá, é coisa normal, ninguém se importa.

Um dos exploradores desse comércio ilegal se aproxima, tentando nos oferecer droga. Nós o expulsamos. Mas ele vê a espada que carrego escondida e luta para roubá-la de mim. O cachorro pula em cima dele, que foge.

Começo a repetir para mim mesmo as palavras de Hadassa, para me concentrar em meu terceiro desafio e não desistir: sem se abater, passar por mundos infernais e chegar até a zona mais profunda das trevas. Estarei nela? Se é pior que isso... Vou me concentrar e respirar fundo.

Meus amigos João, Vítor e Camila surgem nesse momento.

– Meu Deus! Como conseguiram me encontrar? – pergunto, abraçando-os.

Eu não gostava que ninguém se preocupasse comigo, mas fico bem aliviado e feliz em vê-los.

– Camila teve uma intuição. Escutou quando você disse que ia procurar Ana – explica cuidadosamente Vítor.

— Fomos atrás de vocês dois, mas não os achamos em lugar algum. Então, começamos a investigar e procurar sinais. Ana gostava de mitologia, estava interessada em mundo subterrâneo, viagens no tempo. Você em Física, em eventos que fornecessem passagem para outros universos ou para outros locais no nosso próprio universo – completa Camila.

— Estávamos pesquisando no computador o nome Hades quando conseguimos chegar aqui. Não sei se foi esse tal de Hades quem nos sugou para cá. Quem procura acha, sempre diz o meu pai – murmura João. – Mas, com isso, escapamos da epidemia *Alienatio* e nos juntamos a você e Ana.

— Enfrentamos alguns monstros, mas conseguimos entrar para ajudar você. Não está mais sozinho nessa missão – dizem.

— Humm... – eu digo, desconfiado. – Deve ser mais uma armadilha. Se Hades puxou vocês até aqui, está arquitetando mais maldades. Acho que quer nos aprisionar a todos, aqui para sempre.

— Oooo! Mas ele não sabe com quem está lidando também, né? Juntos podemos distraí-lo e enganá-lo – exclama Vítor.

— Será? – pergunta João, sem acreditar e já arrependido de estar ali.

Agarrados, iluminados pelo lampião e com a espada escondida de outros criminosos, continuamos à procura de Ana.

O cão se comunica a distância, pelos uivos, com outros. Foi assim que conseguimos localizar, saber a direção de Ana, e para lá seguimos.

No Tártaro, a mais entranhada região da prisão subterrânea, cercada por uma tripla muralha, deveríamos achá-la em um poço que descia até as profundezas da terra.

Antes de chegarmos ao local, Maitê tem convulsões e parada cardíaca, devido à crise de abstinência. Precisa ir para um hospital.

– João e Vítor, por favor, vamos levá-la para um posto de saúde. Deve ser distante, mas é o único jeito de salvá-la. Eu e Camila seguiremos em frente. Tereza, obrigada por toda ajuda. Procure voltar agora em liberdade para seu tempo e escape desse inferno – digo, me despedindo de Tereza com um grande abraço.

João e Vítor levam Maitê. Logo depois, vozes infernais sussurram, em nossos ouvidos, triunfantes, interligadas e sobrepostas, vindas de todas as direções:

– Maitê morreu, antes de chegar. Esse também será o seu fim, fedelhos! Seus amigos João e Vítor choram ao vê-la sem vida. O animal a lambe e uiva de dor. Hahaha!

Mas logo depois outra voz berra, contrariada:

– AAARRREE! O choro desses seus amigos bobões e do cachorro acordou quem tem o poder de curar e ressuscitar os mortos. Esculápio[46] tinha que descer ao submundo para estragar a festa e salvar a drogada! Não tem nada a fazer aqui! Ele vive na Terra. Por que não fica por lá, onde é o seu lugar e tem muito serviço?

– Graças a Deus – falo.

– Seus amigos imploram e choram. Não sabem fazer outra coisa, esses humanos! – reclamam as vozes.

---

46. Esculápio ou Asclépio, na Mitologia romana ou grega, é o Deus que cura doenças e ressuscita os mortos. As serpentes enroladas a um bastão são o seu símbolo e o da Medicina moderna.

E imitam o tom desesperado das súplicas de João e Vítor:

– Por favor, você pode trazer Maitê de volta à vida, curada das doenças e das drogas?

E depois repetem a advertência de Esculápio:

– Esse e outros atos representam quebra da ordem natural das coisas e da harmonia universal, de que a doença e a morte dos humanos fazem parte.

– Finalmente! – falam os espíritos maledicentes, visando nos amedrontar, mas logo se arrependem:

– Ah não! Esculápio vai abrir uma exceção, ajudar Maitê a viver e passar por um processo de mudança. Ela deverá ficar por enquanto aqui no subterrâneo.

Assim ficamos sabendo que Maitê ressuscita, aceita as condições de Esculápio e pede a João e Vítor:

– Meninos, voltem para a superfície o quanto antes. Irei encontrá-los, quando sair do limbo dessa existência intermediária entre a morte e o renascer para a vida. Cada dia será um novo dia, em que deverei ter forças para recomeçar.

Depois de repetir com zombaria as palavras de Maitê, finalmente as vozes nos dão descanso e param de nos atormentar, seguindo em direção de outros coitados amedrontados.

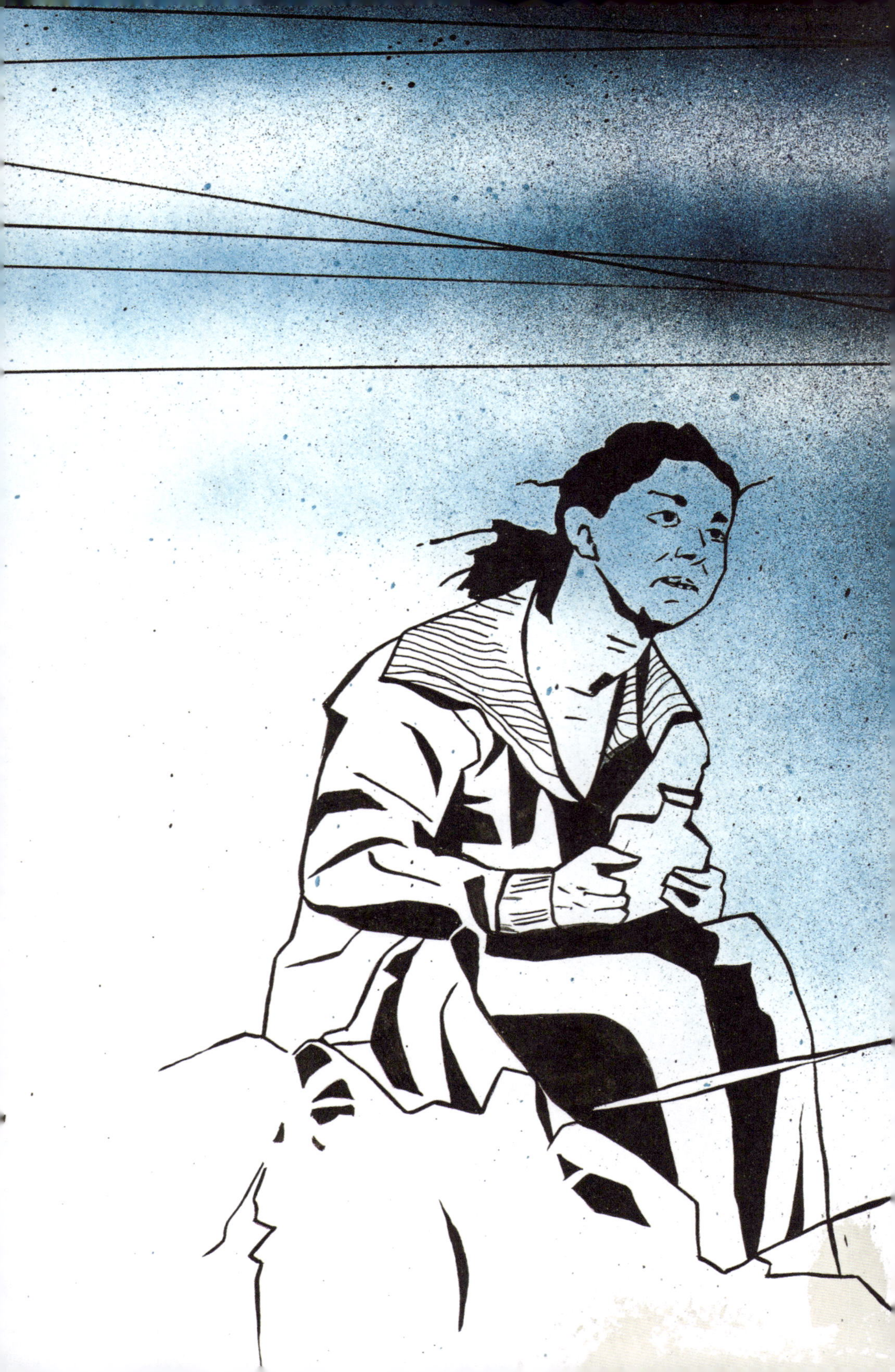

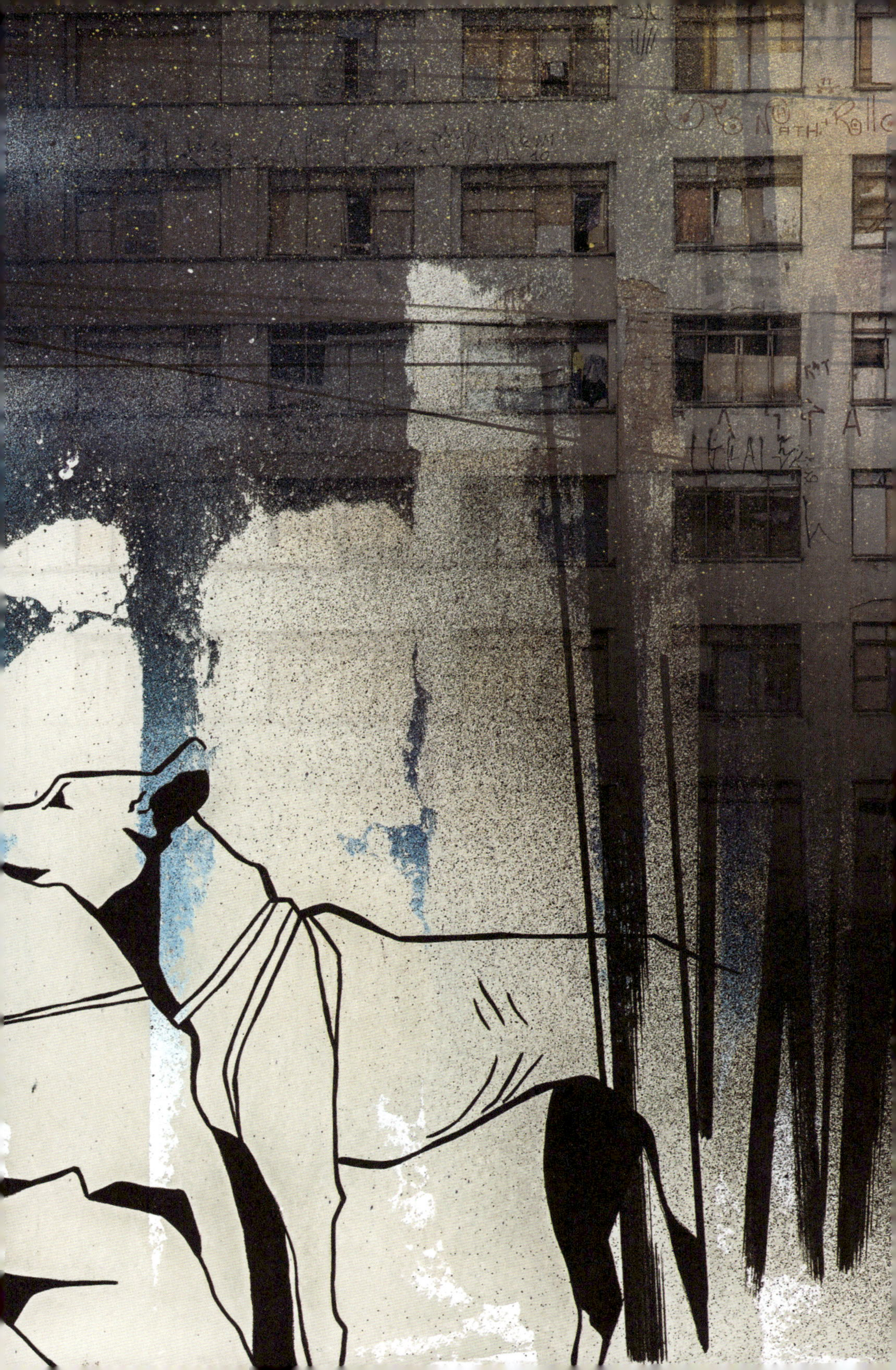

Décima Primeira Hora

LÚCIA TEIXEIRA

> *Só quando enfrentamos*
> *as coisas tal como são,*
> *sem autoenganos e ilusões,*
> *emana uma luz dos acontecimentos,*
> *que nos desvela o caminho do êxito.*
>
> *I Ching*

Eu e Camila alcançamos o local onde está Ana. Sou instruído pelos guardas de que devo descer sozinho, por minha conta e risco, sem cordas. Camila não poderá me acompanhar.

Calço os pés nas saliências das paredes e, percorrendo sua grande profundidade, chego ao fundo do poço. A enorme extensão daquele lugar deserto se abre, infinitamente. Lá embaixo enxergo muitas pessoas aprisionadas.

Procuro por Ana, chamando seu nome. Descrevo-a, para todos os que encontro. Um senhor parece me reconhecer, recebe-me com um sorriso bondoso, leva-me pela mão e aponta para uma Ana irreconhecível, com uma expressão de grande sofrimento.

– Esta moça está inconsciente, desde que foi deixada aqui, em coma profundo. É esta a Ana que procura? – pergunta-me um dos presos, apontando para minha amiga, deitada em uma das camas imundas. – Ela não consegue ouvi-lo. Tente se comunicar com ela pelos sonhos. E de dentro do lado escuro da mente, libertá-la.

– Isso é seguro? – pergunto.

— Nada nos garante, em nenhum instante, que você a trará de volta ou escapará do mesmo destino. Você poderá ficar para sempre em igual transe, envolto em pesadelos, sem voltar à consciência. Mas quem segue o caminho seguro está como morto – revela. – *No Inferno, os lugares mais quentes são reservados àqueles que escolheram a neutralidade em tempo de crise*, disse Dante, na Divina Comédia, meu jovem – termina, dando-me verdadeira aula.

A vontade de salvar Ana, os jovens da minha cidade e a mim mesmo me dá forças para seguir em frente. É isso o que tenho comigo, além da espada, que eu devo proteger, e do candeeiro, de onde vem a única luz daquele lugar perdido no tempo. Torço para que seja uma luz de esperança e de vida.

— Ana, vou encontrar você no jardim dos sonhos. Sonhos não são realidade. Mas quem saberá qual é qual? Vamos dividir nossos pesadelos e os nossos sonhos – sussurro em seu ouvido. Canto, torcendo para que a música me ajude a disfarçar o medo e a ansiedade. E também me ajude a chegar, por caminhos neurais, em partes do seu cérebro, para fazê-lo reagir:

Look at the stars. Look how they shine for you.[47]

Peço à Camila que volte a salvo, enquanto há tempo, e diga à minha família e meus amigos, caso eu não retorne:

Se eu não retornar, significa que nosso plano não funcionou e eu já devo estar morto ou preso aqui para sempre. Se, no entanto, eu

---

47. Olhe para as estrelas. Olhe como elas brilham para você. Música *Yellow*, Coldplay.]

conseguir penetrar na mente de Ana, talvez eu consiga salvá-la e a mim mesmo.

Deito-me em uma cama, ao lado de Ana, enquanto sou plugado, por um enfermeiro improvisado, em aparelhos que ligam e conectam nossas mentes. Começo a cantar, para disfarçar o medo e a ansiedade.

Tenho acesso à Ana e sua psique, área da mente que escapa às leis do espaço e do tempo. O reino do inconsciente é tão perigoso como as profundezas do oceano e do subterrâneo. Todos são escuros e cheios de monstros.

Ana estava em um sonho penoso e sobressaltado, dentro da Primeira Guerra Mundial, conflito envolvendo as principais potências. Era, na verdade, um pesadelo, no qual tinha sido presa. O sonho passava, várias vezes, as mesmas cenas de horror e morte, nas quais ela era atingida e morria.

Em uma parte do sonho, fui achá-la no *front*. Muitos jovens mutilados, envenenados, cegos e desfigurados, em meio a tanques, gás venenoso, canhões, projéteis de artilharia, obuses e morteiros.

Ana me salvou de ser atingido por um deles. Ela me reconheceu, surpresa e feliz por eu ter conseguido chegar até ela.

Mas logo depois fomos descobertos por soldado inimigo. Armado com a espada, que me acompanhava mesmo em sonho, eu poderia tê-la usado. Os meus olhos e os do soldado se encontraram. Em ambos, a mesma expressão de medo. Em segundos, percebemos a crueldade da guerra, levando tantas jovens vidas embora. Eu abaixei a espada, ele não atirou e nos deixou escapar.

– Corremos grande perigo, vamos nos abrigar na carroça daquele camponês – eu disse à Ana. – Teremos que atravessar uma ponte e depois um túnel, parcialmente destruído.

O camponês nos leva em sua carroça até local seguro.

– *Quando chegar a décima primeira hora, vocês poderão se libertar e contar a todos sobre os horrores que viram e viveram, para que não sejam repetidos.*

– Ah! Essa é a décima primeira hora! Uma voz de computador me repetia isso, em 2038, pedindo que eu me apressasse. Era isso! Esse era o momento em que eu libertaria você, Ana, e a mim mesmo.

– É sua chance de voltar à consciência, meninos – explica o camponês.

– Onze horas do dia ou da noite? – pergunta Ana.

– Do dia. Hoje, 11 de novembro de 1918, haverá um cessar-fogo. Será na décima primeira hora do décimo primeiro dia do mês. Milhões ao redor do mundo ficarão em silêncio para refletir sobre o terrível custo da guerra, a perda de milhões de vidas e o sofrimento inerente. Espera-se que esta 'Grande Guerra' seja a que acabará com todas as guerras – fala o homem.

Seguro-me para não revelar que muitos outros conflitos militares mortais e piores se seguirão a este. Mas a esperança de paz duradoura continuará, se guerras deixarem de ser produzidas nas mentes dos seres humanos.

É essa a décima primeira hora de que devemos nos lembrar sempre, em todos os tempos, para afastar as guerras e a violência. Para que a raça humana continue a existir, com espíritos capazes de compaixão, sacrifício e resistência.

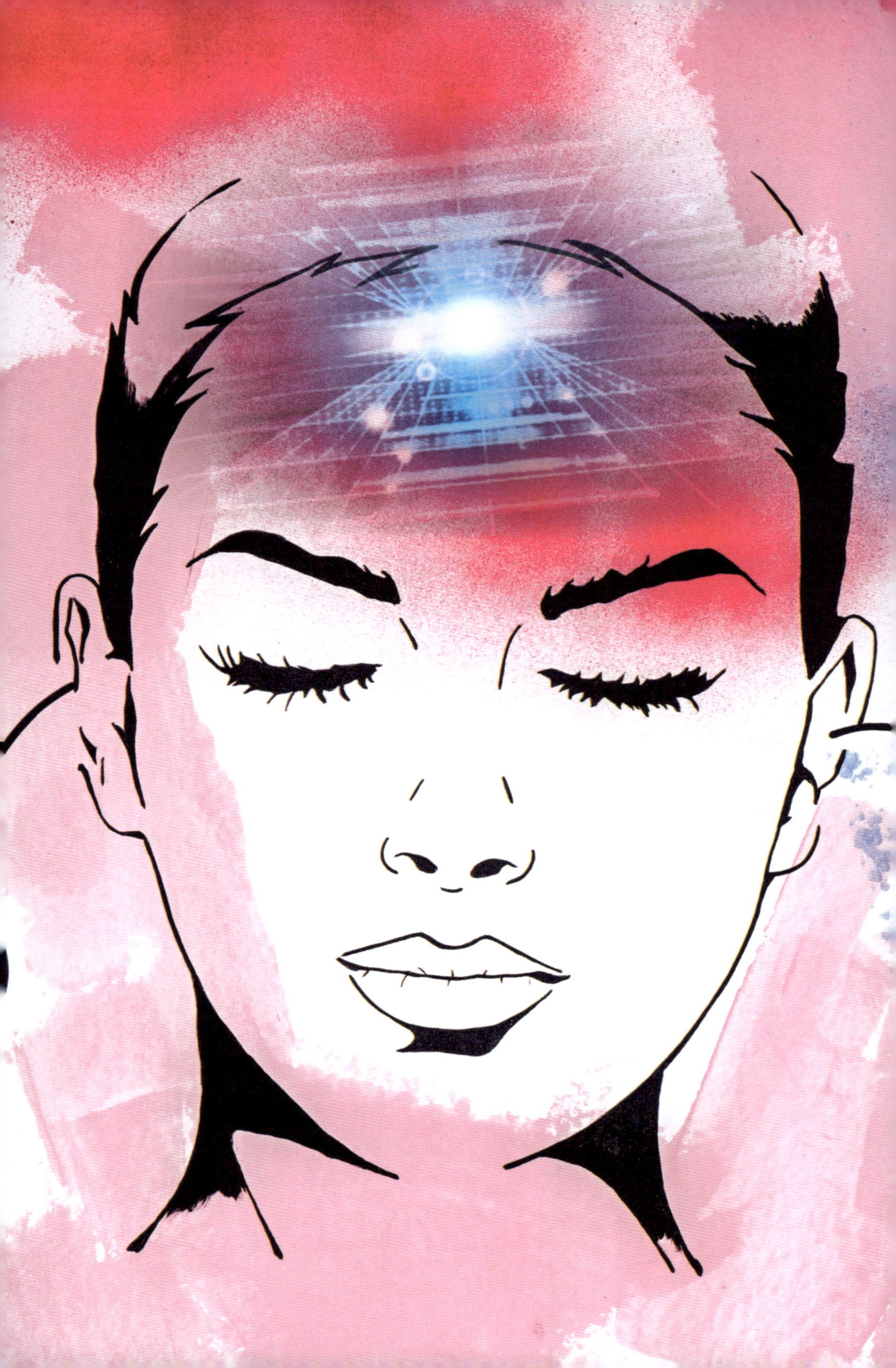

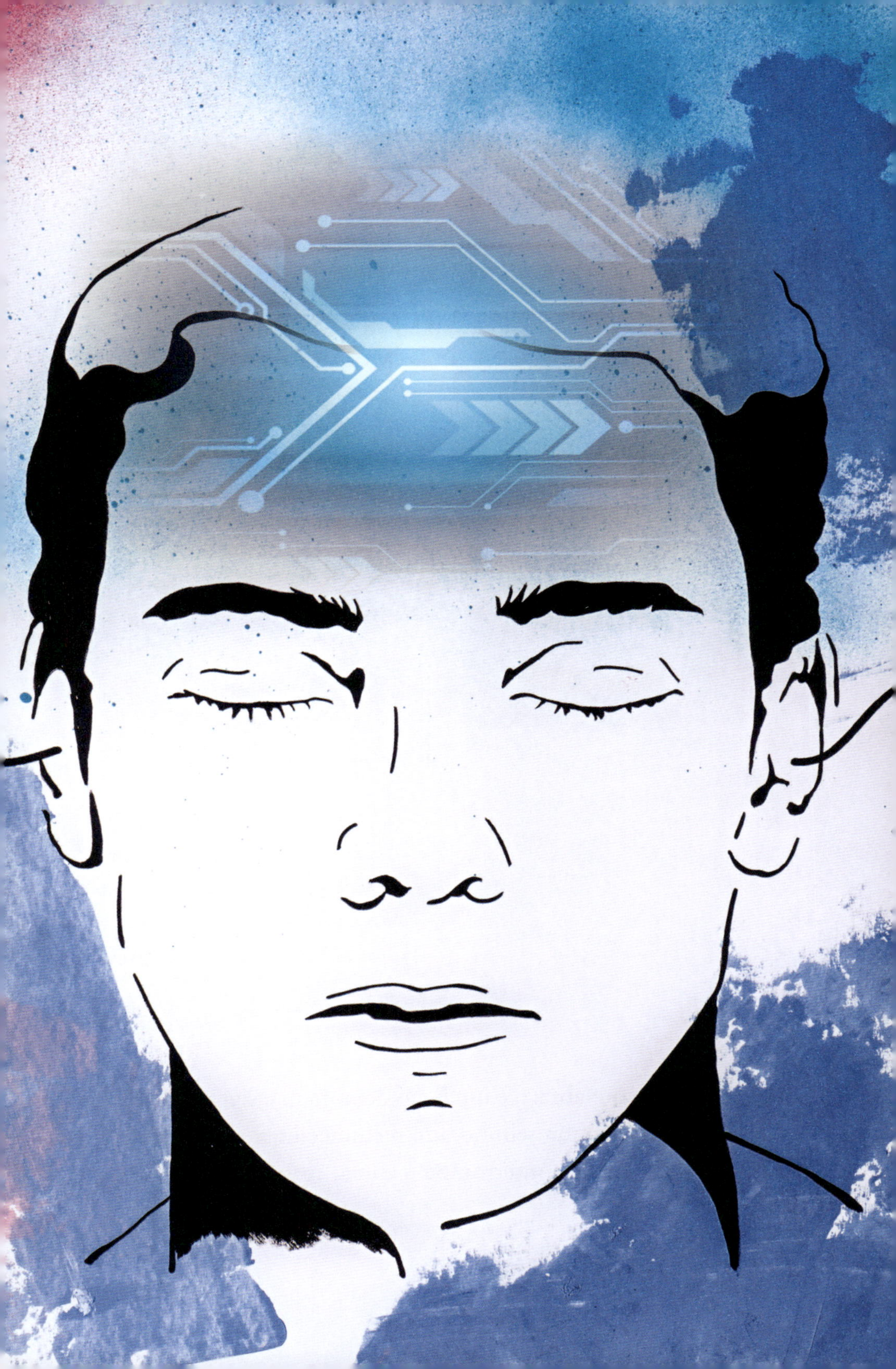

XI
A IMAGINAÇÃO

> Lembre-se de olhar para as estrelas e não para seus pés. Tente achar sentido no que você vê e pergunte sobre o que faz o Universo existir. Seja curioso.
>
> Stephen Hawking

Ganho um abraço e um beijo demorado e sensual de Ana. É mais do que só um selinho, um reconhecimento ou agradecimento. Mas logo ela interrompe o clima, com receio de não ser correspondida.

E eu? Deveria abraçar, beijar e segurar Ana, como é o meu desejo, mas fico inseguro, sem saber como ela iria reagir.

Deveria falar de tantas coisas que começo a sentir por ela, quando a vejo, quando a toco.

Deveria dizer que nunca fui perfeito, mas com ela eu posso quase ser.[48]

Mas a realidade nos faz abandonar temporariamente os pensamentos românticos e sensuais e voltar à ação.

— E esta espada, o que vamos fazer com ela? Esses cavaleiros, Morte e Guerra, continuarão a vir atrás de nós? — diz Ana, com ar de preocupação.

— Talvez. Mas não vamos entrar na deles e nos deixar arrastar para a eterna briga. É o que eles querem. Odiar é fácil, amar é difícil. Criticar é fácil, fazer é difícil — falo.

— E então o que faremos? — pergunta Ana. — Não existe luz sem sombras. Crescemos ao enfrentar nossos medos, traumas, sonhos não realizados, decepções que envenenam.

— Será que crescemos? — questiono, rindo da seriedade de Ana.

— Sim, Lucas. Aprendemos a ver o sofrimento, o lado escuro da natureza humana, mas também o grandioso. Tomamos consciência, nos conectamos a outras pessoas e sentimos o que elas sentem. Temos dentro de nós a energia para quase todos os desafios que valem a pena. Será que conseguiremos, assim, voltar ao nosso mundo, ajudar a diminuir a epidemia da cidade, da falta de imaginação e de vontade de viver? Será que passaremos a acreditar em nós mesmos?

---

48. *O que eu também não entendo*, música de Jota Quest. Compositores: Rogério Flausino e Fernanda Mello.

– Podemos fracassar, mas vamos continuar tentando. Senão o mundo ficará deserto por falta de imaginação. E sem nossa presença...– respondo, sorrindo.

– Pode ser um primeiro passo. Ainda mais quando se tem um amigo, com quem a gente conversa para aprendermos juntos – diz Ana, olhando para mim com um sorriso.

– O que fazemos com nossa vida pode afetar outras pessoas, próximas ou não, mas por quem devemos nos sentir responsáveis – concluo, apertando a mão de Ana, para mostrar que eu vou estar sempre ao seu lado.

Com minha ajuda, Ana começa a subir. Também vou puxando os demais prisioneiros daquela profundeza.

À nossa frente, um conjunto de escadarias vem virtualmente do futuro.

Um caminho para voltar a ver estrelas.

Começamos a subir com vontade. Cada escada só se apresenta mediante cada salto dado para alcançá-la.

Será que haverá algo depois? Este lugar, o nosso futuro, existirá?

Poderá existir, metade construído no tempo presente e metade na imaginação.

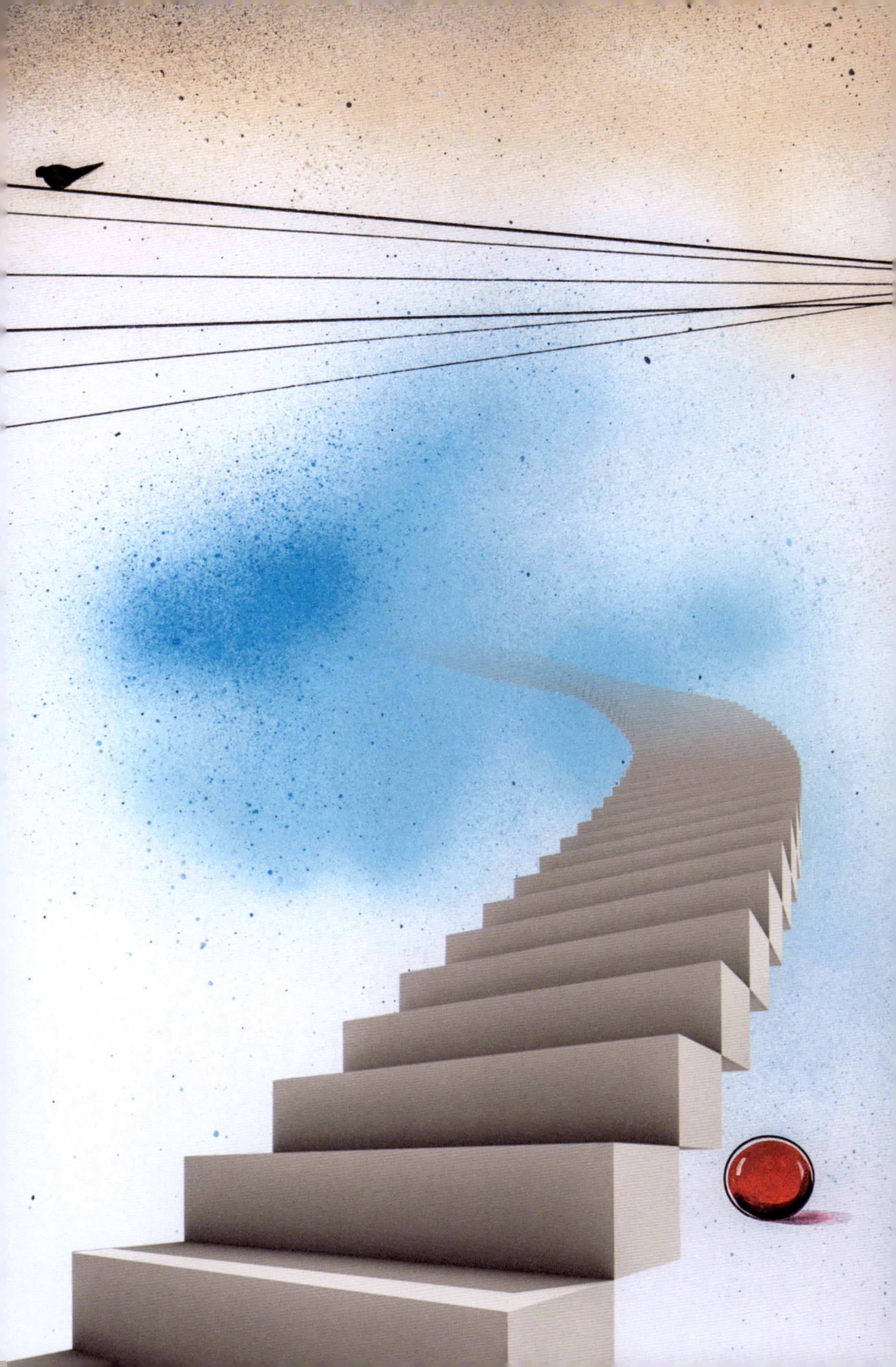

XII
ENTRANDO NUMA FRIA

[116] LÚCIA TEIXEIRA

> *Dou-lhe este relógio não para que você se lembre do tempo,*
> *mas para que você possa esquecê-lo*
> *por um momento de vez em quando e*
> *não gaste todo seu fôlego tentando conquistá-lo.*
>
> *William Faulkner*

O tempo para, fica suspenso.

Poucos saem do subterrâneo com vida. Escolhi salvar Ana. Sabia que não era seguro.

— Eu não sei o que é, acabamos de sair do perigo, mas sinto algo ruim, um estranho pressentimento. O perigo virá novamente — falo para Ana, na saída do mundo inferior.

— Xô! Deixa de ser baixo astral! Agora é você! Estamos livres! — responde Ana.

Nesse momento, vozes se aproximam, não é possível ouvir nitidamente, parecem de outro mundo. Um longo silêncio se seguiu.

É terrível! Das profundezas, a terra começa a se movimentar, o que está morto e não possui forma começa a virar um corpo e surge o cavaleiro Guerra. Logo atrás, Hades, carregando seu capacete na mão. Eles fedem à fumaça fria, enxofre e cinzas de suas vítimas.

Finalmente esses malfeitores nos alcançam, roubam a espada e me apunhalam. Atingem, enfim, seu objetivo.

Sinto uma dor horrível e lancinante em meu peito.

— Parem com isso! Vocês são uns monstros, só pensam em morte! Nada fizemos a vocês! — grita Ana, lutando para me proteger e reaver a espada.

Ana consegue roubar o capacete de Hades, que torna invisível seu portador.

Minha amiga se arma de coragem e, com golpes de caratê, enfrenta os perseguidores, protegida pela invisibilidade.

– As aulas de caratê serviram! – comemora Ana. – Aguente firme, Lucas, vou ajudar você.

Eu pensei que ia salvá-la, mas na verdade é Ana a minha salvadora.

Por essa, Guerra e Hades não esperam. São pegos desprevenidos. Não tomaram cuidado com a aparentemente tão frágil Ana.

Derrotados por uma jovem anônima e corajosa, os poderosos Guerra e Hades ficam abalados.

Preocupados em perder seus seguidores, seus *likes* e sua fama de invulneráveis e imortais, Guerra e Hades fogem, desmoralizados. Desaparecem, como cinzas levadas pelo vento.

Agora é Ana quem me carrega e tenta me salvar. Passa a ser a minha guardiã e a da espada.

Só depois Ana percebe que estou muito mal.

– Acho que não vou sobreviver, estou morrendo nos seus braços – falo, tendo forças apenas para olhar as estrelas.

Ana fica muito triste, chora bastante e pede ajuda aos céus:

– Ah não! De novo não! Não vai se repetir isso de novo em minha vida! É muito injusto! Não vá embora, Lucas, como meu pai!

Não consigo falar nenhuma palavra. Só a escuto cantar uma música de que gosto, *Talking to the Moon*.

I know you're somewhere out there. Somewhere far away.

I want you back. My neighbors think I'm crazy. But they don't understand. You're all I have.[49]

Hadassa observa a cena do espaço, ouve o pedido de Ana, desce de uma estrela e me coloca em sua nave, para espanto de Ana.

— Vou revivê-lo, Ana — anuncia Hadassa, em tom solene. — Lucas será congelado para o futuro, em baixíssimas temperaturas, em um sono criogênico. Um aparelho especial fará com que a circulação do sangue e a respiração sejam reativadas artificialmente e ele sobreviverá, com a temperatura reduzida até menos de cento e noventa e seis graus centígrados negativos, em um sarcófago *freezer* de alta tecnologia, dentro da minha cosmonave.

— Nossa! — fala Ana, desconfiada. — Ele viverá assim?

Hadassa adverte Ana, Camila, João e Vítor para que retornem para casa, antes que Guerra e seus seguidores voltem. É o que fico depois sabendo.

Meus amigos partem, mas Ana não deixa o local. Insiste em que só sairá dali com o meu corpo, vivo ou morto.

Hadassa a ignora e me leva para sua nave. Não sei quanto tempo fico lá congelado.

---

49. *Eu sei que você está em algum lugar lá fora. Em algum lugar longe. Eu quero você de volta. Meus vizinhos pensam que eu sou louca. Mas você é tudo que eu tenho.* Da música de Bruno Mars, Philip Lawrence, Ari Levine, Albert Winkler, Jeff Bhasker.

Ana fica abandonada à própria sorte, naquele local vizinho ao submundo.

Minha amiga luta sozinha para sobreviver e não ser capturada pelas forças do subterrâneo que não a deixam em paz.

— Vocês já me usaram uma vez — diz Ana aos guerreiros das sombras enviados por Hades — Dessa vez não irão conseguir. Vou me concentrar em meu objetivo. Vocês querem dominar minha mente, provocar dor, sofrimento e me fazer fugir da realidade.

Mas nada a faz sair, à espera que eu retorne à Terra. Resiste tanto ao frio intenso, que a faz congelar, como ao calor infernal, que se sucedem naquele local.[50]

De sua nave, por muitas luas, Hadassa passa a observar e a admirar a valente e solitária Ana, que espera por mim, mesmo que isso represente sua própria morte.

Espantada com a atitude responsável e inabalável de Ana, Hadassa se compadece da jovem e me ressuscita do sono congelador, para uma nova temporada de vida. Então, ela me devolve, com meu corpo totalmente recauchutado em nível molecular.

Assim, eu e Ana voltamos a viver na Terra, em 2038.

---

50. Música *You are not alone*, Michael Jackson.

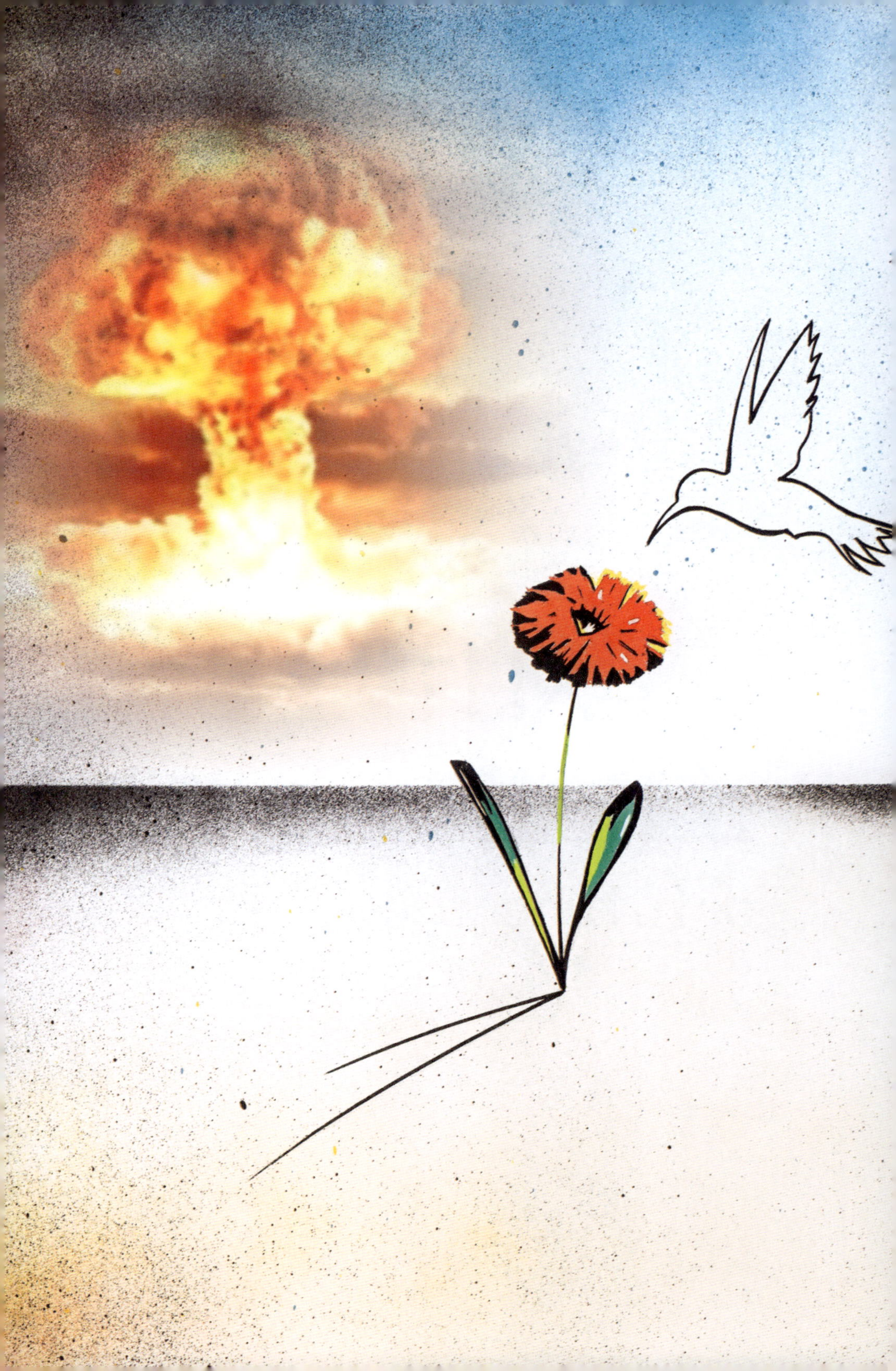

XIII

o futuro é agora

LÚCIA TEIXEIRA

[2038

> *Na máquina do tempo,*
> *o que nos impulsiona são os nossos sonhos.*
> *Comece a acreditar. Acreditar é o primeiro*
> *passo para fazer acontecer.*[51]
>
> Lúcia Maria Teixeira

Acordo, mas continuo deitado na cama. Meu reflexo no espelho é a única companhia, além do silêncio total. Esse cara chamado Lucas. Eu mesmo.

Vejo não apenas a imagem de agora, quase com dezoito anos. Cada vez que me viro, aparece outra, criança, adulto, evoluindo, voltando ou se reconstituindo, em *loop*. É como se eu tivesse o poder de "ver" o tempo: não só o presente, mas também o passado e o futuro.

Finalmente, um som. O telejornal anuncia:

Uma epidemia mortal e fora de controle que a Organização Mundial de Saúde considera uma ameaça mundial.

O vírus Alienatio *atingiu muitas pessoas do país e do restante do mundo, de todas as faixas etárias.*

Só começaram a notar sua existência quando todos os jovens de uma cidade foram atingidos. Antes disso, passava despercebido na população adulta infectada e acostumada aos sintomas de diminuição de sua capacidade de pensar por si própria. Todos haviam contraído a doença, não somente os mais novos.

---

51. Do livro *Tudo é possível: incrível viagem no tempo* e *Don't stop me now*, Queens.

Mas, finalmente, agora, muitos anos depois, somente em 2038, a ciência parece ter chegado à cura para a pior epidemia de Alienatio *da História.*

Uma doença altamente contagiosa. Sintomas terríveis. O infectado sofre de falta de consciência própria e de confiança em si e não percebe o papel que desempenha na sociedade. Tem perda de identidade, alheamento, incapacidade de agir, de imaginar, de pensar.

Apenas a implantação das fake memories *nas pessoas doentes não resolveu o problema.*

Começou uma corrida contra o tempo para encontrar a cura. O primeiro passo foi entender por que algumas pessoas controlaram o vírus.

Dois jovens, Lucas e Ana, deram a chave para conter a devastadora epidemia. Sem saber que também estavam infectados, produziram os anticorpos que mataram o vírus, na busca por salvar os demais jovens.

Os cientistas agora analisam os anticorpos gerados neles e em outros: da empatia, a capacidade de sentir o que sentem os demais, e da compaixão, para aliviar o sofrimento de outros.

Os circuitos neurológicos de Lucas, de Ana e de outros foram ajustados, estimulados e treinados, dando defesas para persistir, imaginar, inventar e criar.

Os indivíduos que controlaram o vírus se dispuseram a sofrer junto a outras pessoas, sem simplesmente culpar os demais quando algo dava errado (e sempre dá na vida), o que permitiu a verdadeira comunicação humana.

Outros garotos, João, Camila e Vítor, conseguiram também criar anticorpos necessários à sua cura.

Foram atrás dos amigos Lucas e Ana para ajudá-los nos quintos dos infernos.

A jovem Ana voltou a viver depois de um período de tristeza e depressão. Passou a ser a guardiã da espada do Apocalipse, liderando grupos de jovens para desenvolver criatividade, assumir seu lugar no mundo, dialogar e respeitar diferenças, sem precisar ferir outros.

Cientistas afirmam que Ana, Lucas, João, Camila e Vítor procuraram compreender o significado da dor e dos sentimentos até de pessoas que não conheciam, de quem viram as sombras escuras existentes dentro delas. E permaneceram amigos.

Por causa deles, e de muitos outros, capazes de resistir, questionar, perguntar, ter compaixão e se sacrificar por outros, várias pessoas de todas as idades e países estão despertando da indiferença provocada pelo Alienatio.

Eu estava em pé, ouvindo o noticiário, ao lado de Ana, quase sem acreditar em tudo que ouvia. Finalmente boas notícias!

Uma leve fumaça começa a subir atrás da TV, debaixo da porta e das frestas da janela. Percebo um vulto, meu coração acelera.

Nessa hora, um cara aparece do nada, apresenta-se como Senhor do Tempo e me entrega uma espada e um lampião que diz pertencerem à outra versão de mim mesmo.

— Bem, com essas notícias, já posso levá-los para sua casa e seu mundo e depois voltar para minha tropa – diz o Senhor do Tempo, de pé e pronto para partir. – Pretendo me tornar Embaixador da Federação Unida dos Planetas. E começa a cantar.[52]

— Casa?! Mundo?! Vamos voltar? Uh uh!! – exclama Ana, comemorando. É possível voltar do futuro para o presente? E o futuro mudar o presente?! – já incrédula.

— Sim, se fizermos as engrenagens pararem, o tempo vive e pode alterar o que se passou – responde, enigmático, sem que a gente tenha entendido.

— Vamos voltar de 2038 para nosso presente? E foi encontrada a cura para a epidemia? – pergunto.

— Sim, mas ela pode voltar a qualquer momento. Sem reflexão, a indiferença e a barbárie se instalam. O preço da liberdade é a eterna vigilância, meu amigo. A frase não é minha. É mais uma que escutei nos satélites que vocês, humanos, nos mandaram no espaço.

— Esse Lucas e essa Ana, responsáveis pela cura, somos nós? – questiono.

— Sim, vocês, em outro universo. Em cada universo, há uma cópia sua, pensando que sua realidade é a única realidade. Milhões de outras pessoas também foram responsáveis – responde o Senhor do Tempo.

— Nossa! É? Milhões? – fala Ana, admirada.

---

52. *Hallelujah*, de Leonard Cohen, com o grupo Pentatonix.]

— Milhões de indivíduos que, com suas dores, suas alegrias e seu trabalho engajado pela verdade, a todo momento e anonimamente, dizem não à falta de esperança. Formam uma constelação de pessoas.

— Nós dois fomos ajudados e orientados por quem menos esperávamos, a começar por você, Senhor do Tempo – diz Ana, constrangida.

— Essas forças, luz e sombras, existem dentro de cada um, em suas mentes – exclama, com seu jeito teatral – Sombras são rivais interiores que revelam fraquezas e pontos fortes. Vocês olharam para elas – sombras, maldades, egoísmos, condicionamentos, dores – e abriram os porões da sua mente. Criaram uma luz íntima, para enfrentar e superar a tristeza, inventando seres superiores. Cada um deles existe dentro de vocês.

— Então podemos finalmente entregar a espada a alguém, para ser guardada e protegida? – pergunto.

— Essa espada foi entregue a você e recuperada por Ana, em outra dimensão. Vocês são os seus guardiões – responde, tornando a levantar o tom da voz. – Usem a Luz. E tragam outros para ajudar. Desenvolvam a coragem e a consciência planetária para vencer os cavaleiros Morte e Guerra e suas ameaças: nuclear, ecológica, degradação da vida na Terra, intolerâncias. Fome e Peste também devem ser combatidos. As próximas gerações irão mudar a realidade e criar um mundo mais sustentável, menos egoísta, de respeito à natureza, aos seres humanos e à vida.

– E as outras histórias deste livro, elas aconteceram? – pergunto.

– Teremos sempre a eterna dúvida sobre até onde vai a imaginação –responde o Senhor do Tempo. – Uma coisa é certa. Vocês humanos são apenas uma partícula de poeira dentro da galáxia. Se não tiverem cuidado, tudo isso que viram e viveram em uma dimensão de tempo futuro pode voltar e se transformar em realidade.

Agora eu já não sei se vivi, li, ouvi ou sonhei essas histórias. Na nossa mente, elas acabam tendo o mesmo sabor e intensidade.

– Escutem essas outras notícias, que recolhi de seus satélites. Talvez respondam às suas dúvidas – explica o cara.

Ouve-se a voz de apresentadores:

– *Ex-viciada, mulher que respondia pelo nome de Maitê, e se chama Maria, retorna à vida, reencontra filho e funda ONG para tratamento dos doentes da Cracolândia.*

– *Tereza, considerada doente mental e internada durante vinte anos em manicômio de Barbacena, após ser libertada e diagnosticada normal, cuida da mãe que a abandonou. E trabalha com a psiquiatra Nise da Silveira, no centro de recuperação para pacientes vindos de hospitais psiquiátricos, chamado Casa das Palmeiras.*

– *As crianças brasileiras Karina e Guilherme integrarão a próxima missão para Marte, na espaçonave Hawking. Irão recolher dados científicos, plantar sementes de árvores nativas do Brasil e ensinar a manter vida sustentável no Planeta Vermelho, onde foram descobertas moléculas orgânicas.*

— *Crescem oportunidades no mercado de trabalho em todo o mundo, tanto para quem tem seu próprio negócio como para quem trabalha em empresas. São procuradas pessoas com criatividade, capacidade de negociação, de análise e solução de problemas, e competências interpessoais como empatia e capacidade de cuidar do próximo. Profissionais com essas qualidades, dispostos a aprender sempre e acompanhar as inovações tecnológicas, são cada vez mais valorizados, já que as tarefas repetitivas são desenvolvidas por máquinas e robôs.*

— *Segundo os astrônomos, a luz da Terra ficou maior e mais brilhante no vasto cosmo circundante. O motivo foi a rede de solidariedade única criada entre todos os habitantes do planeta. Passaram a tratar melhor uns aos outros, a respeitar, a conviver e a preservar e gostar do único lar que conhecemos... o chamado pálido ponto azul*[53]. *Sem esperar o paraíso na Terra, estão usando lucidez e coragem para reformar o mundo.*

O Senhor do Tempo nos transporta para casa e finalmente voltamos ao presente, com nossa família e amigos à espera.

O Senhor do Tempo inclina a cabeça e nos encara:

— Vocês enfrentaram vários perigos. Cada um de vocês salvou a si mesmo, ao desenvolver sua própria consciência, agir conforme seus princípios e aceitar as consequências. Mas sua amizade mudou o curso da História, denunciando dores do mundo. E conseguiu acabar com a epidemia.

— Nossa amizade... — repete Ana.

---

53. O astrônomo Carl Sagan assim denominou a Terra, baseado em foto tirada da sonda espacial Voyager I.

— Ah, já ia me esquecendo, tivemos outra ajuda para esse *happy end* no controle da epidemia. Adoro finais felizes! E começa a cantar.

— Ajuda? Qual? – pergunta Ana, interessada, interrompendo a cantoria.

— Parece que foi você, com este seu livro, Ana. Ou melhor, as pessoas que o leram, em uma coleção de tempos alternativos – responde o figura.

— Ah, é? – fala Lucas, surpreso.

— Existem aspectos virtualmente infinitos de si mesmos, o multiverso é praticamente infinito – explica o Senhor do Tempo. – Agora mesmo, cada pessoa que nos lê, Ana, viaja conosco no espaço-tempo em várias dimensões, sem fronteiras. Elas participam da criação e dão novos contornos às histórias, imaginando também *caminhos para ver estrelas*.

— Caramba, surreal! – exclama Lucas.

— Aliás, dão vida a cada um de nós, que passaríamos a não existir, sem elas, como se não tivéssemos substância. Os leitores nos deixam viver e alimentam a possibilidade de múltiplas leituras do tempo, do que passou e do que será, juntando-se a vocês, no desejo de ultrapassar os limites da condição humana.

— Ei, você... – fala Ana, sem conseguir perguntar o que quer, pois o Senhor do Tempo parte, tão inesperadamente como surgiu. Segue cantando[54] músicas aprendidas nos satélites enviados ao espaço para achar vida fora da Terra.

---

54. *A geração da luz*, de Raul Seixas; *Pra ser feliz*, Aliados, participação Di Ferrero.

Eu vou m'embora apostando em vocês
Meu testamento deixou minha lucidez
Vocês vão ver um mundo bem melhor que o meu
Quando algum profeta vier lhe contar
Que o nosso sol tá prestes a se apagar
Mesmo que pareça que não há mais lugar
Vocês ainda têm
A velocidade da luz pra alcançar
Vocês serão o oposto dessa estupidez
Aventurando tentar outra vez
A geração da luz é a esperança no ar.

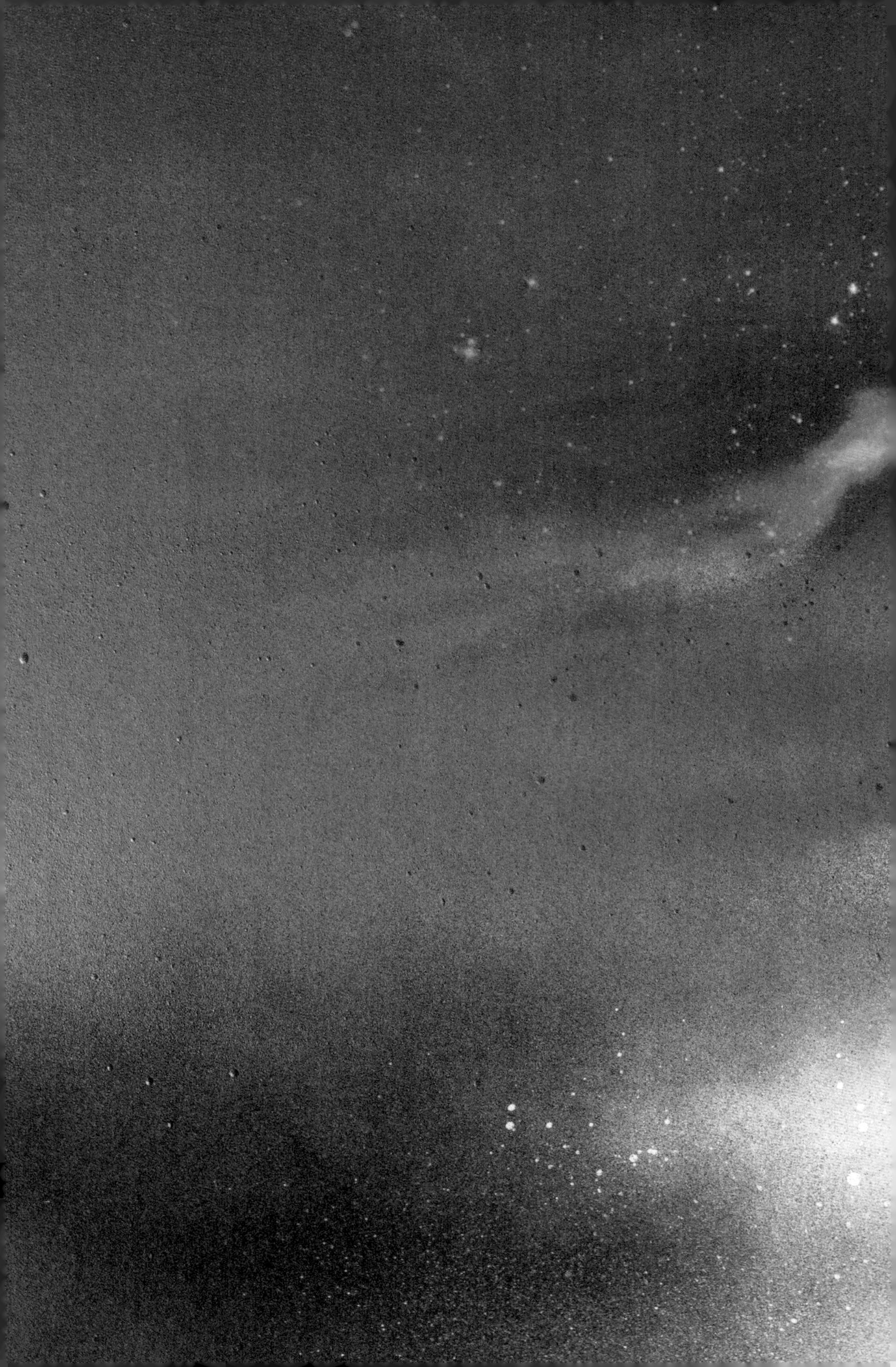

O que é depressão?

Sentir-se triste em momentos específicos da vida é normal, como após a morte de alguém querido, perdas, derrotas, decepções. É saudável "viver esses lutos", são experiências importantes, embora dolorosas. Vivemos em uma sociedade em que é "proibido ficar triste".

Todos nós passamos por altos e baixos, experimentando ansiedade, medo, angústia. Suportar a frustração é importante para a saúde mental. Entretanto, algumas pessoas experimentam sentimentos intensos de culpa, desamparo, desesperança, que interferem em suas atividades normais, por períodos muito longos, meses e até mesmo anos, nem sempre tendo motivo aparente para se sentirem assim.

Fisiologicamente, a depressão é um desequilíbrio no cérebro. Ao contrário de outras doenças, ela não pode ser curada apenas com medicamentos, pois é uma combinação de fatores biológicos, psicológicos e sociais. Ou seja, a qualidade de vida de uma pessoa, seus relacionamentos e a maneira de enfrentar o mundo podem ser motivos para a depressão aparecer.

A tristeza faz parte da vida. A depressão não é apenas uma tristeza passageira, mas uma doença. Precisa ser diagnosticada e tratada corretamente. O tratamento médico e psicológico ajuda muito nos casos de depressão, que pode ter cura sim. É importante não se isolar e buscar apoio em grupos sociais, religiosos etc.

Nos dias atuais, muitas vezes a doença é entendida de forma errônea. Cerca de 16% da população mundial já sofreu de depressão ao menos uma vez na vida.

Se algum amigo ou membro da família estiver apresentando traços da doença, oriente-o para procurar ajuda e falar abertamente com a família e com um profissional habilitado.

O Centro de Valorização da Vida (CVV) está disponível em todo o Brasil pelo telefone 188, gratuito, ou por *chat* e *e-mail*.

17 objetivos do Desenvolvimento Sustentável mundial, a serem alcançados até 2030 — Agenda ONU 2030

1 ERRADICAÇÃO DA POBREZA	2 ERRADICAÇÃO DA FOME	3 SAÚDE DE QUALIDADE	4 EDUCAÇÃO DE QUALIDADE	5 IGUALDADE DE GÊNERO	6 ÁGUA LIMPA E SANEAMENTO
7 ENERGIAS RENOVÁVEIS	8 EMPREGOS DIGNOS E CRESCIMENTO ECONÔMICO	9 INOVAÇÃO E INFRAESTRUTURA	10 REDUÇÃO DAS DESIGUALDADES	11 CIDADES E COMUNIDADES SUSTENTÁVEIS	12 CONSUMO RESPONSÁVEL
13 COMBATE ÀS MUDANÇAS CLIMÁTICAS	14 VIDA DEBAIXO DA ÁGUA	15 VIDA SOBRE A TERRA	16 PAZ E JUSTIÇA	17 PARCERIAS PELAS METAS	OBJETIVOS DE DESENVOLVIMENTO SUSTENTÁVEL

UNISANTA

CORTEZ
EDITORA

www.cortezeditora.com.br